Marcus Stöger

PLANET NEUN

Auf der Suche nach dem großen Unbekannten unseres Sonnensystems

Marcus Stöger

PLANET NEUN

Auf der Suche nach dem großen Unbekannten unseres Sonnensystems

Bibliografische Information der Deutschen Nationalbibliothek:
Die Deutsche Nationalbibliothek verzeichnet diese Publikation in der Deutschen Nationalbibliografie; detaillierte bibliografische Daten sind im Internet über http://d-nb.de abrufbar.

Für Fragen und Anregungen:
info@finanzbuchverlag.de

Originalausgabe, 1. Auflage 2020

© 2020 by FinanzBuch Verlag, ein Imprint der Münchner Verlagsgruppe GmbH
Nymphenburger Straße 86
D-80636 München
Tel.: 089 651285-0
Fax: 089 652096

Alle Rechte, insbesondere das Recht der Vervielfältigung und Verbreitung sowie der Übersetzung, vorbehalten. Kein Teil des Werkes darf in irgendeiner Form (durch Fotokopie, Mikrofilm oder ein anderes Verfahren) ohne schriftliche Genehmigung des Verlages reproduziert oder unter Verwendung elektronischer Systeme gespeichert, verarbeitet, vervielfältigt oder verbreitet werden.

Redaktion: Anne Büntig-Blietzsch
Korrektorat: Silvia Kinkel
Umschlaggestaltung: Marc-Torben Fischer
Umschlagabbildung: shutterstock.com/Freedom_Marussia
Satz: Daniel Förster, Belgern
Druck: CPI books GmbH, Leck
Printed in Germany

ISBN Print 978-3-95972-311-4
ISBN E-Book (PDF) 978-3-96092-574-3
ISBN E-Book (EPUB, Mobi 978-3-96092-575-0

Weitere Informationen zum Verlag finden Sie unter:

www.finanzbuchverlag.de

Beachten Sie auch unsere weiteren Verlage unter www.m-vg.de

INHALT

EINLEITUNG
WOZU DIESES BUCH? 7

KAPITEL 1
9, 10 ODER X 11

KAPITEL 2
WAS IST EIGENTLICH EIN PLANET? 25

KAPITEL 3
**DIE GRAVITATION UND DER AUFBAU
UNSERES SONNENSYSTEMS** 39

KAPITEL 4
VOM METEOR BIS ZUR GROSSEN MAUER .. 53

KAPITEL 5
**WAS ZÄHLT EIN PLANET AUS ZWEITER
HAND?** 71

KAPITEL 6
AUSGERECHNETE PLANETEN 81

KAPITEL 7
KUIPERGÜRTEL-AUSREISSER 95

KAPITEL 8
DAS PHANTOM **107**

KAPITEL 9
WIE MAN PLANETEN AUFSPÜRT **127**

KAPITEL 10
DIE SUCHE NACH ZIVILISATIONEN **143**

KAPITEL 11
**PLANETEN, BEWOHNBARKEIT UND
INTELLIGENZ** **157**

KAPITEL 12
PLANET NEUN ALS NUTZUNGSOBJEKT . . . **177**

KAPITEL 13
ERSCHEINUNGSFORMEN UND ENTDECKUNG **187**

ANHANG
THE 2016 PAPER **197**

EINLEITUNG
WOZU DIESES BUCH?

Seit ein paar Jahren herrscht eine gewisse Aufregung in der verschworenen Gesellschaft der Astronomen (und erst recht in den Medien): In unserem Sonnensystem soll es einen bislang noch unbekannten Planeten geben.

Das wäre tatsächlich eine veritable Sensation. Und da die Sache nicht auf dem Mist eines Hobbysternguckers gewachsen war, sondern vielmehr auf einer Abhandlung – einem »Paper«, wie das in Wissenschaftlerkreisen genannt wird – zweier renommierter Astronomen basierte, gingen die Wogen schon kurz nach der Veröffentlichung im Februar des Jahres 2016 hoch.

Der Artikel (er ist im Anhang nachzulesen) war im *Astronomical Journal* abgedruckt worden, einer Monatszeitschrift, die von der American Astronomical Society herausgegeben wird und weltweit großes Ansehen genießt. Darin werden keine Hirngespinste publiziert, sondern Arbeiten ernsthafter Forscher, die hier ihre neuesten Resultate bekanntgeben, ehe diese ins sogenannte Peer-Review gehen, eine Begutachtung durch unabhängige Kollegen.

Einschlägige Magazine rund um den Globus griffen die Meldung auf. Neben vereinzelten Meldungen in der Boulevardpresse sowie dem unvermeidlichen Lärm in Internetforen waren es vor allem »seriöse« Medien, die sich der Sache annahmen. Im deutschen Sprachraum brachten etwa *Die Zeit* oder *Der Spiegel* ausführliche Artikel. Und sie bleiben bis heute am Thema dran; neue Theorien werden ebenso besprochen wie jüngste Sichtungen der Weltraumteleskope.

Einleitung

Der *Scientific American* – quasi die altehrwürdigste Zeitschrift im Bereich der Populärwissenschaft – widmete sich der Angelegenheit ebenso eingehend wie sein deutscher Ableger *Spektrum der Wissenschaft*, auf Papier und im virtuellen Raum des WWW. Ebendort titelte das Portal futurezone.de am 10.3.2019: »Endlich! Laut Forschern wird Planet 9 noch im kommenden Jahrzehnt entdeckt«.

So eine schöne Schlagzeile wirft beim unschuldigen Leser vermutlich ein paar Fragen auf. Zunächst: Hatten wir das nicht schon längst? Der Satz »Mein Vater Erklärt Mir Jeden Sonntag Unsere Neun Planeten« dürfte den Meisten noch in Erinnerung sein. Es war die Eselsbrücke, mit der man sich die Reihenfolge der Planeten merken konnte; die Anfangsbuchstaben entsprechen jenen der Himmelskörper, von innen (Sonnennähe) nach außen: Merkur, Venus, Erde, Mars, Jupiter, Saturn, Uranus, Neptun und Pluto.

Macht neun Stück.

Außerdem, sind wir nicht längst schon kreuz und quer durch unser ganzes Sonnensystem geflogen? Das hätte irgendwem doch auffallen müssen, wenn sich da noch ein unbekannter Planet herumtreibt. Tatsächlich sind im Augenblick ungefähr 25 wissenschaftliche Sonden unterwegs, über hundert davon hat der Mensch schon ins All geschickt. Sie kreisen (oder kreisten) um so gut wie jeden halbwegs interessanten Himmelskörper, von der Sonne über Planeten bis hin zu Monden und Asteroiden; auf dem Mond und dem Mars fahren automatische »Rover« herum, und selbst auf einem Kometen sind wir schon gelandet.

Die in den 1970ern gestarteten Voyager-Sonden haben inzwischen das Heimatsystem verlassen und funken jetzt aus dem interstellaren Raum. Mit schöner Regelmäßigkeit treffen zudem Meldungen über neu identifizierte, extrasolare Planeten ein; mehr als 4000 Stück davon haben Observatorien – erdgestützte Teleskope und Weltraumsatelliten – bereits aufgespürt, in gut 3000 verschiedenen Sternsystemen, manche davon über 20.000 Lichtjahre weit weg.

Wie konnte sich da bis heute vor unserer Nase ein Objekt verstecken, das angeblich zehn Mal so schwer wie die Erde ist?

Hinsichtlich seiner Beschaffenheit scheinen der Fantasie der Astronomen und jener, die sich dafür halten, keine Grenzen gesetzt zu sein – die Bandbreite reicht von einer »Supererde« über einen Braunen Zwerg, ein Doppelsystem aus zwei einander eng umkreisenden Körpern, einen Ring aus abertausenden Einzelobjekten bis hin zu einem Schwarzen Loch im Hosentaschenformat.

Auch über den künftigen Namen wird seit geraumer Zeit leidenschaftlich diskutiert. Eine kalifornische Sportreporterin sammelte 818 Unterschriften für ihre Petition, den neuen Planeten Neun nach David Bowie[1] zu benennen; angeblich konnte sogar einer der beiden »Entdecker« dieser Idee etwas abgewinnen.

Grund genug also, ein wenig Ordnung in das Durcheinander zu bringen. Dieses Buch soll in allgemein verständlicher Form einen Überblick über den Stand der Dinge geben und wilde Spekulationen von ernsthaften Theorien trennen – letztere sind bei weitem interessant genug. Keine Sorge: Auch wenn zu gegebener Zeit die wissenschaftlichen Daten im Detail angeführt werden, muss man kein Physiker sein, um die folgenden Seiten zu verstehen.

Bliebe allenfalls noch die Frage: Na schön, ein neuer Himmelskörper, aber wozu die Aufregung? Können wir vielleicht dorthin übersiedeln, wenn uns das Klima auf dem Stammplaneten nicht mehr behagt, oder wenn der in ca. 900 Millionen Jahren von der Sonne sowieso geröstet wird? Nein, wahrscheinlich nicht.

Und auch wenn der Begriff »Supererde« mit schöner Regelmäßigkeit herumgeistert – mit unserem Heimatplaneten dürfte er kaum sonderliche Ähnlichkeit aufweisen.

So gesehen könnte uns die Sache also mehr oder weniger egal sein.

---

1 Für Leser, die – aus verständlichen Gründen – der Popmusik der 1980er wenig abgewinnen können: Es handelt sich um einen populären Sänger. Die Begründung der Dame lautete: *»Nur eine Woche nach David Bowies Tod wird ein neuer Planet in unserem Sonnensystem entdeckt. Er sollte Bowie genannt werden, zu Ehren David Bowies nachhaltigem Vermächtnis seiner Musik, die Menschen auf der ganzen Welt inspiriert hat, von Astronauten bis Künstlern.«*

Einleitung

Aber es ist eine spannende Vorstellung, dass noch zu unseren Lebzeiten ein neuer Planet in unserem Sonnensystem entdeckt wird. Wie schon Mike Brown, einer der beiden Studienautoren, einmal sagte: Die letzten Jahrzehnte waren in dieser Hinsicht recht langweilig.

Die gute Nachricht lautet: Ja, aller Wahrscheinlichkeit nach kreist tatsächlich ein weiterer, bislang unentdeckter Planet um unseren Heimatstern. Wir wissen noch nicht, wie er aussieht oder wo genau er im Moment ist, aber er muss ein ziemlicher Brocken sein; um vieles größer beziehungsweise massereicher als die Erde.

Und, so weit hergeholt das jetzt klingen mag: Sie – ja, genau Sie, der Sie dieses Buch gerade in Händen halten – könnten ihn entdecken. Ganz ohne eigenes Teleskop. (Aber bevor Sie gleich den Champagner kalt stellen: Lesen Sie den Rest der Geschichte.)

In diesem Sinne: Viel Vergnügen!

Der Autor
Wien, 22.4.2020

(P.S. zur Datengenauigkeit: Die Zahlenangaben im folgenden Text sind oft gerundet – dort, wo zu viele Ziffern der Anschaulichkeit nicht dienlich sind.)

KAPITEL 1
9, 10 ODER X

Gemäß jener Zählung, die wir vor 2006 Geborenen noch in der Schule gelernt haben, müsste ein neuer Planet in unserem Sonnensystem der zehnte sein. Ein »X« könnte man so gesehen als die entsprechende römische Ziffer betrachten, als mathematische Variable oder einfach als gutaussehenden Platzhalter für etwas Unbekanntes.

Dass sich die Bezeichnung Planet Neun durchgesetzt hat, hängt unmittelbar mit einem der beiden Wissenschaftler zusammen, die ihn postulieren.

Der US-amerikanische Astronom Michael (Mike) E. Brown nämlich hat seinen umstrittenen Ruf als »Plutokiller« inzwischen zu einer Art Markenzeichen gemacht. Er twittert unter diesem Namen (mit @ davor), und im Jahr 2010 erschien sein Buch *How I Killed Pluto and Why it Had it Coming*.[1]

Was war passiert?

Um die Zusammenhänge zu verstehen, muss man ein wenig in der Geschichte zurückgehen. Am 18. Februar 1930 entdeckte Browns Landsmann Clyde Tombaugh – ein Bauernsohn aus Illinois, der sich Geometrie und Trigonometrie selbst beigebracht und ein eigenes Teleskop gebaut hatte – den neunten Planeten unseres Sonnensystems. Er arbeitete am Lowell-Observatorium in Arizona, dessen Namensgeber die Sternwarte anno 1894 gegründet hatte, um damit

---

[1] Verlag Spiegl & Grau, New York City. Deutscher Titel: *Wie ich Pluto zur Strecke brachte. Und warum er es nicht anders verdient hat.* (Springer, Heidelberg 2012)

einen von ihm als »Planet X« bezeichneten Himmelskörper aufzuspüren, welcher seiner Ansicht nach irgendwo jenseits des Neptun kreiste, des damals äußersten bekannten Planeten.

So weit, so scheinbar kompliziert; es wird später noch davon die Rede sein.

Percival Lowell erlebte den Fund nicht mehr, er verstarb 1916. Doch die Erwartungen der Astronomen waren hochgesteckt. Der Unbekannte wäre womöglich größer als Jupiter[2], hieß es.

Nun, man muss den Wissenschaftlern zugute halten, dass sie die Maße der äußeren Planeten nicht genau kannten. »Damals«, also vor gerade einmal neunzig Jahren; ein Wimpernschlag in der Geschichte der Himmelsbeobachtung. Jedenfalls wurde der neu Entdeckte mit Schlagzeilen gefeiert, die sich nicht sonderlich von den Sensationsmeldungen heutiger Zeit unterscheiden.

Bei aller Begeisterung fiel aber doch auf, dass Pluto – benannt nach dem römischen Gott der Unterwelt – durch ein Teleskop betrachtet reichlich mager aussah. (Tatsächlich ist er um ein Drittel kleiner als der Erdmond.) Aber man wollte sich die Freude nicht verderben lassen; eine der fantasievollsten Theorien lautete, er bestünde aus einem Urankern[3], umhüllt von einem Ozean aus flüssigem Sauerstoff. Der würde das Licht beugen und ließe den Riesen daher optisch klein wirken.

Nichts davon stimmt, aber das störte die Allgemeinheit im Endeffekt kaum. Wer macht sich schon viele Gedanken über die Zusammensetzung oder die reale Größe eines Himmelskörpers, dessen Namen er auswendig lernen muss? Um eine annähernde Vorstellung von den Relationen zu bekommen, kann man sich die Erde als

---

[2] Jupiter ist mit einem Durchmesser von 143.000 Kilometern und 318 Erdmassen der größte und schwerste Planet unseres Systems. Zum Vergleich: Der Saturn bringt es als zweitgrößter auf 121.000 Kilometer und 95 Erdmassen. (Durchmesser der Erde: 13.000 Kilometer)

[3] Dass eine derartige Uranmasse unter entsprechendem Gravitationsdruck recht schnell unangenehme Folgen hätte, war damals noch nicht bekannt.

Marille[4] vorstellen; Jupiter hätte dann die Dimensionen eines Kürbisses, und Pluto wäre eine Erbse.

Im Laufe der Jahrzehnte fand man immer mehr Unterschiede zu den altbekannten Planeten. So ist etwa der Orbit des Pluto um 17 Grad gekippt; alle anderen kreisen mit wesentlich geringeren Abweichungen entlang ein und derselben Ebene um die Sonne. Außerdem ist die Plutobahn deutlich langgezogener (elliptischer), und kreuzt jene des Neptun: Manchmal befindet sich der Außenseiter näher am Zentralstern als unser fernster Eisriese.

2003 fand der künftige Plutokiller Mike Brown ein Objekt mit ähnlicher Masse, das ebenfalls weit draußen auf einer exzentrischen Bahn unterwegs ist. Sedna[5] konnte auch auf älteren Aufnahmen identifiziert werden, wodurch sich ihr Kurs ziemlich genau bestimmen ließ. Browns *partner in crime*, wie er ihn selbst gern nennt, ist seitdem der Russe Konstantin Batygin; sie arbeiten beide am Caltech[6] und veröffentlichen später gemeinsam den Artikel, der Planet Neun auf die Agenden der internationalen Astronomengemeinschaft brachte.

2005 folgte die nächste Entdeckung in jener Region. Das Objekt schien größer als Pluto zu sein und wurde eine Zeit lang unter den Astronomen als »Planet Zehn« gehandelt; auch hier fanden sich ältere Fotos, die sogar bis in das Jahr 1954 zurückdatierten. Passenderweise benannte man den Fund nach Eris, der griechischen Göttin des Streits.

Im August 2006 ging dann der denkwürdige Auftritt Browns anlässlich der 26. Generalversammlung der Internationalen Astronomischen Union (IAU) in Prag über die Bühne. Dieses Konsortium tritt – in unterschiedlicher Zusammensetzung; derzeit sind über 13.700

---

4   Im Norden (wo sie nicht wächst) wird sie Aprikose genannt.
5   Der Name ist der Eskimo-Mythologie entnommen; die Meeresgöttin haust in Tiefen, wo es ziemlich kalt ist.
6   *California Institute of Technology*, eine private Eliteuniversität in Pasadena.

Mitglieder aus 103 Nationen beteiligt – seit 1919 alljährlich zusammen und ist unter anderem für die Benennung von Himmelskörpern in den Schulbüchern zuständig.

Dass ein Wunsch nach Neudefinition auf der Tagesordnung stand, war insofern nichts Spektakuläres, als Astronomen regelmäßig ihre Meinung ändern, um mit der Entwicklung Schritt zu halten.

Nach der Entdeckung des Uranus 1781 durch Wilhelm Herschel hatten sich im folgenden 19. Jahrhundert die Funde gehäuft. Erst kamen Ceres, Pallas, Juno, Vesta und Astraea dazu (alle im Bereich zwischen Mars und Jupiter); dann spürte Johann Gottfried Galle auch noch den Neptun auf, und die Zahl der Planeten war auf 13 gestiegen. Schließlich sah man sich zum Aufräumen gezwungen. Nur der Neptun durfte als Achter bleiben.

Bezogen auf die jüngste Zeit war auch das Anliegen des Sedna-Entdeckers nicht neu. Schon 1998 hatte der britische Astronom Brian Marsden vorgeschlagen, Pluto eine Art Doppelstatus als Planet und Asteroid zu verleihen; es war schließlich damit zu rechnen, dass mit zunehmender Präzision der Teleskope immer mehr Objekte ähnlicher Größe gefunden würden, und dann könnte die Gesamtzahl unserer Planeten erneut aus dem Ruder laufen.

War der Brite noch gescheitert, hörte man dem US-Amerikaner nun aufmerksamer zu. Vielleicht lag es auch an seiner Eloquenz – in Internetvideos kann man sich von seinem Rednertalent überzeugen. Die versammelten Gelehrten einigten sich erstaunlich rasch darauf, eine neue Kategorie namens »Zwergplanet« (*dwarf planet*) einzuführen.

Nur, was sollte die Kleinwüchsigen genau von ihren Kollegen unterscheiden? Der Durchmesser allein schien kein ausreichendes Argument zu sein, schließlich ist auch die Masse im Spiel, und beides lässt sich bei den sogenannten transneptunischen Objekten oft sehr lange nicht genau feststellen. Form und Neigung der Bahn wiederum hätten schwierige Definitionen erfordert: Ab wann wäre eine Abweichung vom Durchschnitt als »zu groß« zu definieren?

Bisher war für einen Kandidaten – neben der grundsätzlichen Voraussetzung, dass er um die Sonne kreist – unter anderem das hydrostatische Gleichgewicht ausschlaggebend gewesen. Der Terminus bedeutet, dass das Objekt aufgrund seiner Masse Kugelform[7] angenommen hat und nicht aussieht wie eine verwachsene Kartoffel (was bei Asteroiden und Kometen üblicherweise zutrifft).

Das spitzfindige Kriterium, welches man sich daher einfallen ließ, lautet: Er muss zusätzlich seine Bahn bereinigt haben, also alle anderen Objekte entlang seines Orbits entweder akkretiert (»geschluckt«) oder via Gravitation hinausgeworfen haben.

Damit war der Pluto aus dem Rennen, weil auf seiner Bahn noch jede Menge anderer Objekte unterwegs sind, und unser Sonnensystem war um einen Planeten ärmer. Die Eselsbrücke heißt seitdem »Mein Vater Erklärt Mir Jeden Sonntag Unseren Nachthimmel«.

Die Proteste ließen nicht lange auf sich warten.

Der Senat des US-Bundesstaates Illinois – der Heimat des Pluto-Entdeckers Tombaugh – erklärte hochoffiziell, den alten Neunten weiterhin als Planeten zu betrachten. Der NASA-Administrator Jim Bridenstine schloss sich dem ebenso an wie der renommierte Planetenwissenschaftler Alan Stern. Ersterem kann man aber zu Recht astronomische Ahnungslosigkeit und politisches Kalkül unterstellen, und Stern leitet die Mission New Horizons: Die teure Raumsonde war erst ein halbes Jahr zuvor Richtung Pluto gestartet.

Gegen die Entscheidung der IAU lässt sich dennoch manches einwenden. Was heißt »Bereinigung seiner Bahn« bei einem Himmelskörper, der, wie oben erwähnt, den Neptunorbit kreuzt – wer ist denn da wofür zuständig? Außerdem klingt diese Bedingung ziemlich unfair für ein Objekt, das so weit außen kreist: Die Bahn des Pluto ist vierzig Mal so lang wie jene der Erde, er braucht fast 250 Jahre für eine

---

[7] Eine Kugel vereint maximales Volumen bei minimaler Oberfläche; ein Zustand, den laut Physik alle Masseansammlungen einzunehmen bestrebt sind – wie jeder weiß, der schon einmal Seifenblasen beobachtet hat.

Tour. Und was ist mit den sogenannten Trojanern[8]? Außer Merkur und Saturn hat jeder Planet solche herumschwirrenden Begleiter, ohne dass deswegen sein Status in Frage gestellt würde.

Zu guter Letzt wird seitens der Pluto-Fans argumentiert, dass zum Zeitpunkt der Entscheidung (gegen Ende der Tagung) viele Wissenschaftler bereits nach Hause gefahren waren und gar nicht mit abstimmen konnten.

Die Diskussion ist noch lange nicht beendet; zahlreiche Studien und Artikel setzen sich dafür ein, Pluto zu rehabilitieren. Es könnte also sein, dass unsere Professoren irgendwann wieder die alte Lehre verkünden.

Mike Brown wird es nicht schaden, sein Buch verkauft sich bestens. Und Alan Stern kann sich ebenfalls freuen: Im Juli 2015 erreichte New Horizons den Umstrittenen und sandte großartige Bilder. So stellte sich beispielsweise heraus, dass Pluto nicht nur einen Mond hat (das wusste man schon), sondern auch eine Atmosphäre. Sehr dünn zwar, aber die Fotos im Gegenlicht der aufgehenden Sonne sind ebenso eindrucksvoll wie jene von seiner Oberfläche.

»Der Planet mit Herz!«, hieß es prompt, als man eine so ähnlich geformte Ebene entdeckte, die sich hell vor dem braunen Hintergrund der restlichen Kruste abhebt. Von der anrührenden Assoziation abgesehen ist diese mächtige Geländeformation auch wissenschaftlich interessant, weil sie auf eine geologische Aktivität hindeutet, die man dem Pluto eigentlich nicht zugetraut hätte. Das Herz erhielt den Namen Tombaugh Regio.

Den alten Neunten haben wir also nur auf dem Papier verloren. Beim Thema möglicherweise verschollener Nachbarn stellt man fest, dass sich eine erstaunliche Anzahl davon herumtreibt – jedenfalls in der menschlichen Vorstellungskraft. Die »Gegenerde« ist zum Beispiel keine Erfindung der Science-Fiction, sondern wurde bereits

---

8   Der Begriff ist der griechischen Mythologie (Homers *Ilias*) entlehnt und bezieht sich auf die Gefährten des Hektor bei der Verteidigung Trojas.

im fünften vorchristlichen Jahrhundert von dem griechischen Philosophen Philolaos postuliert, einem Zeitgenossen des Sokrates.

Der Pythagoreer[9] lebte am italienischen Stiefel und war – ganz im Sinne seines Lehrmeisters – um himmlische Harmonie bemüht. Er nahm an, dass alle beweglichen Objekte dort oben sowie die Erde um ein »Zentralfeuer« rotierten. Dabei dachte er keineswegs an die Sonne. Das Tagesgestirn, optisch nicht größer als sein nächtliches Gegenstück, war nur Mitspieler im Reigen jener konzentrischen Sphären, welche Erde, Mond, Sonne, Merkur, Venus, Mars, Jupiter, Saturn sowie ganz außen die Fixsterne auf ihren unsichtbaren Schalen kreisen ließen.

Nun dachte man sich die wandernden Erscheinungen am Firmament sämtlich als ätherische Objekte, luftig und leicht. Unsere massive Erde passte offenkundig nicht in diese Kategorie. Die ganze Anordnung wäre – so Philolaos' Schlussfolgerung – unwuchtig, wenn nicht ein ebenso schweres Pendant genau gegenüber die Balance hielte. Die Lösung lag schon deshalb auf der Hand, weil erst Zehn eine »perfekte« Zahl ist. So war Antichthon erfunden, von *antí* = gegen und *chthón* = Erde. Dass man dieses Objekt genauso wenig sehen konnte wie das Zentralfeuer, lag ganz einfach daran, dass die Erde flach war; ihre Scheibe verbarg die beiden vor unseren Blicken.

Aristoteles hielt übrigens gar nichts von der Theorie. Weil er meinte, die Erde stünde im Mittelpunkt.

Heutige SF-Autoren gehen im Allgemeinen davon aus, dass sich die Planeten um die Sonne drehen, auch wenn sie mit der Physik ansonsten viel Schindluder treiben. In diesem Genre hat man die Gegenerde längst als verlockende Bühne entdeckt. Sie verschanzt sich nun auf der genau gegenüberliegenden Seite der Sonne: Eine perfekte Szenerie, die man mit allerlei Zivilisationen besiedeln kann; vorzugsweise solchen, in denen schwertschwingende Damen zu Felde ziehen, deren Rüstung hauptsächlich aus einem Metallbikini besteht.

---

9 Siehe Kapitel 5, Pythagoras.

Tatsächlich gibt es hinter unserem Zentralstern einen Ort, an welchem sich ein Zwilling der Erde halten könnte: den Lagrange-Punkt L3.

Der 1736 in Turin als Giuseppe Lodovico Lagrangia geborene Mathematiker – er französisierte seinen Namen später zu Joseph-Louis Lagrange – hatte errechnet, dass es bei zwei einander im freien Raum umkreisenden Körpern stets fünf Punkte gibt, an welchen die jeweiligen Gravitationskräfte einander aufheben. Wer oder was immer sich dort aufhält, schwebt in einem labilen Gleichgewicht; die beiden anderen Massen sind exakt so weit entfernt, dass sich ihre Anziehung ausgleicht. Beim demnächst an den Start gehenden James-Webb-Weltraumteleskop (engl. Abkürzung JWST) macht man sich das zunutze, um es treibstoffsparend an Ort und Stelle zu halten.[10]

Es wäre also theoretisch möglich, dass seit Jahrmilliarden ein Planet auf der Erdumlaufbahn mit uns Verstecken spielt. Allerdings hätte er sich spätestens beim Absetzen der Raumsonden Richtung Mars oder Venus bemerkbar gemacht – die wären dann nie an ihr Ziel gelangt, weil er ihren penibel austarierten Kurs gestört hätte. »Gor«[11] und Konsorten bleiben somit dem Fabelland vorbehalten.

Abhandengekommene Welten erfreuen sich trotzdem nachhaltigen Interesses. Anno 1766, als man sich sogar im christlichen Abendland allmählich an das heliozentrische Weltbild gewöhnt hatte, erstellte der deutsche Gelehrte Johann Titius die heute als Titius-Bode-Reihe[12] bekannte Formel für die Bahnabstandsverhältnisse der Planeten.

---

10 Es wird allerdings am L2 positioniert, von der Sonne aus gesehen genau hinter der Erde. Der Hauptvorteil: Das Teleskop bleibt im Schatten unseres Planeten, wo die solare Wärmestrahlung seine empfindlichen Instrumente nicht stört.
11 Name der Gegenerde in einem mittlerweile 35 Bände zählenden Oeuvre des US-Fantasy-Autors John Norman; 1987 verfilmt.
12 Zweiter Namensgeber war Johann Bode, der die Sache publizierte.

Er fand heraus, dass die Rechnung erst dann richtig aufging, wenn man zwischen Mars und Jupiter noch ein Objekt einschob. Da es weit und breit nicht zu sehen war, musste es wohl zerstört worden sein, weshalb man ihm später den Namen Phaeton gab – nach dem Heliossohn[13], der den Wagen seines Vaters lenken wollte und einen letalen Unfall baute.[14]

So ganz falsch lag Titius gar nicht. Die im Jahre 1800 beim zweiten europäischen Astronomenkongress gegründete »Himmelspolizey«, bestehend aus Vertretern diverser Sternwarten, machte sich auf die Suche – und fand prompt Ceres, die erste Vertreterin des damals noch unbekannten Asteroidengürtels zwischen Mars und Jupiter. Der Ring besteht zwar, wie man inzwischen sagen kann, nicht aus den Trümmern eines einzelnen Planeten, aber immerhin.

Zweihundert Jahre darauf meinte der englische Astronom John Murray, dass sich die merkwürdigen Kurse einiger langperiodischer[15] Kometen am ehesten mit der Anwesenheit eines Planeten erklären ließen, der ein halbes Lichtjahr entfernt seine Bahn zog und sechs Millionen Jahre für einen Umlauf brauchte. Murrays amerikanischer Kollege John Matese war zur gleichen Zeit auf eine ähnliche Idee gekommen. Der unbekannte Himmelskörper bekam den Namen Tyche; nach der antiken Schicksalsgöttin, und um sich von der Nemesis-Hypothese[16] zu distanzieren.

Die Tyche-Theorie ist noch nicht völlig vom Tisch. Eigentlich hätte ihn das WISE-Teleskop[17] finden müssen, da war aber nichts. Bei der postulierten Entfernung wären theoretisch noch Überraschungen möglich.

---

13 Helios: Sonnengott der griechischen Mythologie.
14 Was den VW-Konzern dazu bewogen hat, sein Luxusmodell nach einem Todesfahrer zu benennen, mögen Psychologen ergründen.
15 Regelmäßig, aber in großen Zeitabständen.
16 Siehe auch Kapitel 4.
17 *Wide-Field Infrared Survey Explorer*, ein 2009 gestartetes Weltraumteleskop, das im Infrarotbereich arbeitet.

Der Planet Theia[18] wiederum bewegt sich, wie es aussieht, auf der gleichen Bahn wie die Erde um die Sonne. Sogar ziemlich exakt. Wo er ist? Wenn die Annahmen der Wissenschaftler stimmen, gehen wir darauf spazieren. Teilweise. Und gleichzeitig darunter.

Die Geschichte geht so: Von allen Planeten im Sonnensystem hat unser Globus den größten Mond – relativ betrachtet, also im Verhältnis zur Eigenmasse. Nur der Plutotrabant Charon sticht ihn aus, aber der Planet-mit-Herz gilt ja nicht mehr. Nach allem, was man über die Entstehungsgeschichte von Welten und ihren Monden weiß, fällt unser Nachtgestirn ziemlich aus dem Rahmen.

Es fängt schon damit an, dass die anderen Gesteinsplaneten entweder überhaupt keine Trabanten haben (Merkur, Venus), oder kleinwüchsige »Kartoffeln« (Mars). Der Jupitermond Ganymed wiederum ist zwar mit gut 5000 Kilometern Durchmesser der größte im ganzen System, bringt es in Relation zu seinem Herrn aber nur auf ein Verhältnis von 1:26. Mit 1:18 liegt der Zweitplatzierte, der Neptunmond Triton, da klar vorn. Unsere Selene[19] ist mit ihren 3500 Kilometern aber um gut ein Viertel größer als die Erde (Verhältnis 1:3,7).

Das wäre in der Frühzeit des Systems, vor rund vier Milliarden Jahren, ein stattlicher Protoplanet[20] gewesen; höchst unwahrscheinlich, dass sich die beiden friedlich nebeneinander formierten. Man geht daher davon aus, dass sich damals auf der gleichen Orbitspur eine zweite Welt gebildet hatte – und es kam, wie es kommen musste: Theia krachte irgendwann frontal mit dem Vorläufer unseres heutigen Heimatplaneten zusammen. Um ein Haar hätten sie einander in Einzelteile zerlegt. Die Aufprallgeschwindigkeit war gerade noch niedrig genug, um die Kontrahenten stattdessen miteinander »verschmelzen« zu lassen. Der im Englischen für derlei Vorgänge ge-

---

18 Benannt nach einer Tochter der Urmutter Gaia (Erde).
19 Die griechische Mondgöttin. Bei den Römern hieß sie Luna – daher stammen Begriffe wie »lunar« etc.
20 Die zweite Entwicklungsstufe nach dem Planetesimal. Die Grenzen sind fließend; beides heißt nicht viel mehr, als dass daraus ein Planet werden kann.

bräuchliche Begriff *merge* untertreibt hier ein bisschen. Die Trümmer flogen nur so in alle Richtungen.

Aber sie verblieben größtenteils im Gravitationsfeld des neuen Kombinationsplaneten, fanden im Laufe der Zeit zueinander und formten schließlich den Mond. Die Erde und ihr seltsam überdimensionierter Begleiter bestehen daher weitgehend aus den gleichen Materialien, wie die Untersuchung von Mondgestein bestätigte.

Theia hätten wir also. Anders sieht es mit Amphitrite aus – einem weiteren als Nummer Neun gehandelten Objekt.

Es war unter anderem Neptuns Triton, der die Astronomen Steve Desch und Simon Porter von der Arizona State University 2010 umtrieb. Dieser Trabant ist nämlich nicht nur der relativ größte Gasplanetenmond; er fällt auch wegen diverser Eigenwilligkeiten auf. So beschreibt er etwa eine retrograde Bahn, das heißt, er kreist in die Gegenrichtung – relativ zu der sonst bei uns üblichen Orientierung, die sich aus der Drehbewegung des Systems ergeben hat, und der fast alle anderen größeren Objekte brav folgen.

Außerdem ist er ungewöhnlich dicht dran am Neptun, und die Bahn liegt ziemlich schief. All das deutet entschieden darauf hin, dass er dort nicht zur Familie gehört, sondern irgendwann unfreiwillig adoptiert wurde. Wahrscheinlich kam er aus dem Kuipergürtel.[21] So ganz allein hätte er aber schon einen recht speziellen Kurs halten müssen, um sich derart bei dem Eisriesen einzufädeln, meinten Desch/Porter und sahen sich jene Frühzeit an, als Neptun und Uranus noch spazieren gingen (»Planetenmigration«, mehr dazu im nächsten Kapitel).

Sie entwickelten die Hypothese, dass Triton ursprünglich Teil eines kleinen Doppelsystems war. Keine weit hergeholte Vorstellung; selbst Asteroiden können Monde haben. Wäre Triton allein unterwegs gewesen, hätte ihm seine Masse so viel Bewegungsenergie verliehen (vulgo »Schwung«), dass ihn schon zum genau passenden Zeitpunkt

---

21 Siehe Kapitel 3.

ein anderer Himmelskörper hätte treffen – also umdirigieren – müssen, damit er sich vom Gravitationsfeld des Neptun einfangen ließ.

Das Alternativszenario der Forscher passte besser zu den Computermodellen, obwohl es in der Beschreibung komplizierter klingt. Uranus und Neptun waren also auf Wanderschaft und eben dabei, ihre Plätze zu tauschen, als Amphitrite[22] zügig des Weges kam: doppelt so schwer wie die Erde, und in Begleitung eines Trabanten. Viel Anziehungskraft auf wenig Raum ... Laut griechischer Mythologie vermählte sich die schöne Okeanide mit Poseidon, auf Römisch: Neptun. Laut prosaischerer Berechnungen kollidierte der hypothetische Planet mit einem der beiden Eisriesen, und der nun verlassene Mond trudelte Hals über Kopf in jenen Orbit, wo er heute noch zu finden ist.

Über die Reihenfolge wird noch diskutiert. Falls Amphitrite direkt in den Neptun krachte, ist alles klar. Andererseits könnte sie dessen Attraktivität gerade noch ausgewichen sein; in diesem Fall musste sie Triton zurücklassen – nur, um kurz darauf im Uranus zu enden.

Eine unnötig mühsame Idee? Nicht, wenn man nach einer Erklärung dafür sucht, weshalb Uranus als einziger der heimischen Planeten völlig aus dem Lot geraten ist. Seine Rotationsachse ist nämlich um 98 Grad gekippt, er wälzt sich auf seiner Sonnenumlaufbahn quasi seitlich dahin; er rollt sogar »verkehrtherum«, weil der ursprüngliche Nordpol nun 8 Grad südlich der Ekliptik[23] liegt. Irgendetwas muss ihm einen gewaltigen Schlag verpasst haben. Ein Himmelskörper mit doppelter Erdmasse wäre da wohl Hauptverdächtiger.

Bliebe zu guter Letzt noch Planet V zu erwähnen, wobei mit dem Zusatz hier definitiv kein Buchstabe, sondern die römische Ziffer gemeint ist.

Fünf? Nach üblicher Zählung wäre das der Jupiter. Gemeint ist aber ein fünfter Gesteinsplanet, der in der Frühzeit des Sonnensystems zwischen Mars und Asteroidengürtel seine Runden drehte. Er wurde

---

22 Tochter des Titanen Okeanos, eines Bruders der Theia (*sic*).
23 Die Ebene, entlang derer die Planeten um die Sonne kreisen.

2002 von den NASA-Wissenschaftlern John Chambers und Jack Lissauer vorgestellt. Sie hatten verschiedenste Computersimulationen durchlaufen lassen, um anhand von Vorgängen im jungen System dessen heutiges Erscheinungsbild zu erklären.

In ihrem Fall ergab die Hinzufügung eines kleinen Objekts – ein Viertel Marsmasse, halb so schwer wie Merkur – einen Sinn. Nach ein paar hundert Millionen Jahren kam dieser Planet V dann vom Kurs ab und stürzte entweder in die Sonne oder verabschiedete sich aus ihrem Gravitationsfeld, um als »*Rogue Planet*«[24] fürderhin seine eigenen Wege zu gehen.

Als Kandidat für Planet Neun kommt er leider nicht in Frage; er wäre sozusagen gewogen und für zu klein befunden[25], um die von Batygin/Brown untersuchten Merkwürdigkeiten jenseits der Neptunbahn zu verursachen.

Der dafür benötigte Himmelskörper muss nach Ansicht der Studienautoren mindestens doppelt so groß und fünf Mal so schwer wie die Erde sein. Auf seiner stark gestreckten Umlaufbahn[26] soll er sich selbst am sonnennächsten Punkt noch in über zehn Milliarden Kilometer Entfernung befinden. Vor allem aber ist er lange unterwegs: Für eine Umrundung des Zentralsterns nimmt er sich zehn- bis zwanzigtausend Jahre Zeit.

Das würde auch ganz gut zu der Tatsache passen, dass er der Aufmerksamkeit von Himmelsbeobachtern bislang anscheinend entgangen ist.

---

24 Einzelgänger-Planet, Vagabund; wörtlich: Schurke, Gauner.
25 *Mene mene tekel u-parsin.* Das Menetekel im alttestamentarischen Buch Daniel bezieht sich allerdings auf den nahenden Untergang eines Königreiches.
26 »Exzentrisch« im Sinne einer flachen Ellipse.

KAPITEL 2

WAS IST EIGENTLICH EIN PLANET?

Pluto ist derzeit keiner, die vermutete neue Nummer Neun dagegen schon. Spätestens jetzt stellt sich die Frage, was denn ein solcherart betitelter Himmelskörper im kosmologischen Sinne überhaupt sein soll.

Galaxie – Sonne – Planet – Mond: Soweit vermag man den Größenordnungen noch zu folgen. Und alles, was kleiner ist, heißt dann Asteroid oder Komet. Die astrophysikalische Nomenklatur ist jedoch weitaus differenzierter und umfasst alles Mögliche, von dem wir irgendwann auch schon einmal gehört haben: Meteoriten und Pulsare, Braune Zwerge und Schwarze Löcher ... Zeit, ein wenig Ordnung zu schaffen.

Vorab vielleicht der Hinweis: Die Natur trifft keine Einteilungen; Einteilungen trifft nur der Mensch.

Weil er die ihn umgebende Welt in Begriffe fassen möchte, um sie zu verstehen. Zum Beispiel seine Herkunft, was in maximalem Rahmen die Herkunft des Universums mit einschließt. Diesbezüglich scheint die Sache geklärt zu sein: Vor 13,8 Milliarden Jahren ereignete sich der Urknall, und seitdem haben wir unser Weltall.

Dummerweise gibt es schon hier das erste Problem: Wie »alles« plötzlich aus einem unendlich kleinen Punkt (einer sogenannten Singularität) entstand, können Wissenschaftler zwar beschreiben, aber nicht schlüssig erklären – in den »ersten Sekunden« des Weltraums sind nämlich die meisten ihrer elaborierten Gesetze ungültig. Oder, wie es ein Spötter ausdrückte: »Genehmigt uns ein Wunder, und wir erklären den Rest.«[1]

Der Grund ist einfach. Wir können in Bezug auf die Vergangenheit nur aus dem, was wir sehen, Rückschlüsse ziehen. Die beobachtbaren Objekte des Universums bewegen sich auf eine Art und Weise, die nahelegt, dass alles einst von einem »Punkt« ausging. Nehmen wir den mysteriösen Urknall also als gegeben an – eine bessere Theorie haben wir derzeit nicht.

Das All bläht sich daraufhin mit zigfacher Überlichtgeschwindigkeit auf. Das darf es, weil die Beschränkung (für ausnahmslos jede Bewegung, jedes Signal) auf 299.792.458 Meter pro Sekunde[2] nur innerhalb gilt. 380.000 Jahre lang wabert jetzt ein schwer definierbares Gemisch herum; es entstehen die ersten Gebilde, die wir als Teilchen bezeichnen. Warum die »Suppe« nicht homogen blieb oder sich wenigstens symmetrisch – Stichwort Teilchen/Antiteilchen – verteilte, ist Gegenstand anhaltender Forschung. Sicher scheint nur, dass sie zum oben genannten Zeitpunkt ca. 3000 Grad heiß war.

Die Abkühlung seit der anfänglichen Urexplosion verlief parallel zur anhaltenden Ausdehnung, die Temperatur verteilte sich sozusagen. Nun hatte sich die Energie ausreichend zu Masse verklumpt, um den Photonen freie Bahn zu geben: Es ward Licht, wie es so schön heißt. Tatsächlich war das Universum bis dahin in unserem Sinne stockfinster gewesen.

Jener Moment ist insofern maßgeblich, als das »erste Licht« wesentliche Informationen über den damaligen Zustand liefert. Es ist heute noch messbar. Man bezeichnet es als den kosmischen Mikrowellenhintergrund (*Cosmic Microwave Background*, CMB). Er wurde 1964 zufällig entdeckt, als zwei US-amerikanische Forscher eine Art

---

1 »*Give us one free miracle and we'll explain the rest.*« Der Urheber Rupert Sheldrake verbreitet ansonsten leider jede Menge parapsychologischen Unsinn.

2 Der aktuelle offizielle Wert der Lichtgeschwindigkeit im Vakuum. Wie man ihn misst, ist nicht zuletzt deshalb eine heikle Frage, weil sich noch nie ein Vakuum gefunden hat.

gigantisches Hörrohr bauen, das als Antenne für Satellitensignale dienen sollte. Das störende Hintergrundbrummen brachte Arno Penzias und Robert Wilson vierzehn Jahre später den Nobelpreis ein.

Apropos Zustand: Die erwähnte Verklumpung ist die Basis all dessen, was wir heute im Weltall als Himmelskörper kennen.

Deren Entstehung scheint nicht auf der Hand zu liegen. In einschlägigen Artikeln ist immer von »Gas und Staub« die Rede, die ziellos im Raum herumfliegen. Warum sollten daraus Sterne und Planeten entstehen?

Physiker bemühen zur Erklärung Begriffe wie Akkretion[3] und Verklebung, Gravitation und Zusammenballung, Koagulation[4] und Oberflächenhaftung. Um sich die Sache etwas leichter vorstellen zu können: Wohl jeder hat schon einmal Staubteilchen in der Luft tanzen sehen, wenn das Licht im richtigen Winkel beim Fenster hereinfiel. Irgendwie schaffen es diese scheinbar schwerelosen Winzlinge trotzdem, sich binnen weniger Wochen unter dem Bett als »Mäuse« oder »Lurch« zu manifestieren.

Man muss, so prosaisch es klingt, nur die Dimensionen entsprechend verschieben – Jahrmilliarden statt Wochen, Weltraum statt Schlafzimmer – um bei Sonnen und Galaxien zu landen. (Wie gesagt, als Gleichnis; eine Physikprüfung an der Universität wird man damit nicht bestehen.)

Vorläufig gab es aber nur Gas. Das erste Atom, das entstand, war der Wasserstoff: Die einfachste mögliche Verbindung, bestehend aus einem Proton und einem Elektron. Dann kam Helium, mit je zwei Protonen, Neutronen und Elektronen.

Um hier keinen Ausflug in die schier unendlichen Weiten des Teilchenzoos zu machen, den vor allem theoretische Physiker allenthalben um Exoten erweitern, die noch nie jemand gesehen hat, nur so

---

3   Lat. *accretio* = Zunahme.
4   Lat. *coalesco* = zusammenwachsen. Als *coagulum* bezeichnet Ovid getrockneten Kälbermagen; eigentlich ist das Lab (als nähere Bedeutung) ein Enzymgemisch in einem der Mägen.

viel: Protonen und Neutronen sind die massetragenden Partikel[5], und die Elektronen schwirren als Hülle rundherum. Das funktioniert unter anderem deswegen, weil Protonen elektrisch positiv und Elektronen negativ geladen sind; Neutronen verhalten sich, wie die Bezeichnung nahelegt, diesbezüglich unparteiisch.

Anhand des CMB lässt sich ablesen, wie die Materie 380.000 Jahre nach dem Urknall im Universum verteilt war. Zuletzt hat das Planck-Weltraumteleskop[6] eine detaillierte Karte davon angefertigt. Im Abgleich mit den heutigen Sternkonstellationen kann man sehr schön sehen, wo die Regionen der ersten großen Zusammenballungen schon angelegt waren.

Nun kam, von der Ausdehnung des Gesamtraumes ganz abgesehen, intern Bewegung in die Sache, denn Massen – wie klein sie auch immer sein mögen – ziehen einander an. Es vergingen hundert Millionen Jahre. Noch immer war von Staub weit und breit nichts zu sehen. Doch in dieser Zeit hatten sich Wasserstoff und Helium an vielen Stellen derart zahlreich versammelt, dass etwas völlig Neues passierte.

Der enorm angestiegene gravitative Druck führte dort dazu, dass die Kerne der innersten Atome aneinandergepresst wurden, so sehr die jeweiligen Protonen sich auch dagegen wehrten – elektrisch gleiche Ladungen stoßen einander bekanntlich ab. Das Energieniveau überschritt auch in Form von Wärme einen kritischen Punkt.

Umgangssprachlich gesagt: Und dann knallte es. Wissenschaftlich bezeichnet man diesen Prozess als exotherme Fusionsreaktion. Er sorgt bis heute unter anderem dafür, dass für uns am Firmament die Sterne funkeln.

Dass wir überhaupt existieren, liegt an einer Folge dieser Kernverschmelzung: Es entstanden reihenweise völlig neue Elemente. Sie be-

---

5   Sie werden auch Baryonen genannt, vom Griechischen *barýs* = schwer.
6   Ein Projekt der europäischen Weltraumagentur ESA, bis 2013 in Betrieb, benannt nach dem deutschen Physiker Max Planck.

völkern derzeit unser Periodensystem. Ohne sie gäbe es keinen Staub, keine zu nummerierenden Planeten und keine Lebewesen. Etwas fehlte aber noch für diese Entwicklung, nämlich die Verteilung der frischgebackenen Zutaten im Weltraum.

Nachdem die Kernfusion im Inneren gezündet hat, ist es eine Frage der ursprünglichen Gesamtmasse, welcher Zukunft ein Stern entgegensieht. Im Falle der ersten großen Sonnen war sie – kosmologisch gesehen – relativ kurz. Sie verbrannten ihren »Treibstoff« binnen weniger Jahrmillionen. Im Zentrum hatten sich immer schwerere Elemente angesammelt, die Reaktionen verlagerten sich nach außen, und irgendwann wurde der Druck im Inneren zu schwach, um der Gravitation der restlichen Masse standzuhalten.

Was dann folgt, kennen wir als Supernovaexplosion. Die äußeren Schichten stürzen einwärts, wobei ihre Stoßrichtung eine Druckwelle auslöst, die den Stern in seine Bestandteile zerreißt. Manche Bruchstücke erreichen dabei teilweise Lichtgeschwindigkeit ... und so verteilten sich die Grundbausteine unserer Chemie im Universum.

Vorgänge dieser Art ereignen sich bis heute – »pausenlos«, kann man sagen, wenn man sich auf unseren Zeitbegriff und das gesamte Weltall bezieht. Die Finger des Autors an der Tastatur und die Augen des Lesers, sie alle bestehen aus Elementen, die einst im Herzen eines Sterns geboren wurden.

Nun gab es also auch Staub. Wie ging die Geschichte weiter? Nehmen wir als Beispiel etwas Naheliegendes: unser Sonnensystem. Vor fünf Milliarden Jahren war hier die Zusammenballung einer Molekülwolke schon recht fortgeschritten. Der wesentliche Punkt dabei ist, dass die langsam – anfänglich sehr langsam – zu einander strömenden, winzigen Komponenten nicht einfach geradlinig Richtung Zentrum wandern. Irgendwo gibt es immer eine kleine Unwucht, völlig gleichmäßig sind die Partikel nie verteilt.

Die Folge davon kennt jeder, der schon einmal dem Wasser in der Badewanne beim Abfließen zugeschaut hat: Es bildet sich ein Strudel. So komplex das Ergebnis ausfallen mag, die zugrundeliegenden

Kraftvektoren, wie sie etwa in der Strömungsmechanik beschrieben werden, finden sich schon bei Newton; auch zur Erklärung eines Kreisels braucht man im Grunde nur das Verhalten von Masse und ihrer Trägheit.

Da ein kosmischer Abfluss buchstäblich frei im Raum schwebt, also in drei Raumdimensionen agieren kann, entsteht nicht nur eine Drehbewegung, sondern sie orientiert sich auch entlang einer Achse, und zwar im 90-Grad-Winkel dazu. Die Materie konzentriert sich allmählich in einer Scheibe. Wir kennen ihre Lage hier als Ekliptik.

Das ist der Grund, warum die (derzeit anerkannten) Planeten mit geringen Abweichungen alle auf einer Ebene unterwegs sind. Und es ist eine der Erklärungen dafür, dass wir Planet Neun noch nicht zu Gesicht bekommen haben – seine Bahn liegt schief.

Zurück zum lokalen Versuchslabor, 400 Millionen Jahre später. Druck und Temperatur im Zentrum haben den kritischen Wert überschritten, der Stern zündet. Schon zuvor hatte der Protostern[7] mit rückläufigen Druckwellen während des Messekollaps viel von der Materie, die nicht schnell genug war, weit ins All hinausgeblasen. Es war ein Pulsieren, zehntausende Jahre lang, ein immer rascheres Hin und Her, bis die ersten Atomkerne zu Bruch gingen.

Im Zuge dieser komplexen dynamischen Abläufe kann es leicht passieren, dass sich gleich zwei solcher Zentren bilden. Eine Theorie besagt, dass alle Sterne zunächst als Zwilling geboren werden, ehe die Glutkerne entweder fusionieren oder sich ein Doppelsystem etabliert. Gerade die massereichen Sterne sollen überwiegend Paare sein, die sich schwungvoll im Kreis drehen; auf die Entfernung lässt sich das von hier aus nur mit leistungsstarken Teleskopen feststellen. Für angehende Planeten ist es eine schlechte Nachricht: Um in so einem System eine halbwegs stabile Bahn zu finden, bedarf es schon der unterstützenden Fantasie eines Science-Fiction-Autors.

---

7 Das Vorläuferstadium eines Sterns. Von griechisch *protos* = der Erste.

Als unsere Sonne – in welcher Form auch immer – aufleuchtete, beschien sie ringsum jedenfalls das reine Chaos in der protoplanetaren Scheibe; und daran sollte sich auch für längere Zeit nichts ändern. Gas und Staub wirbelten durcheinander, ständig stießen einzelne Klumpen, die sich im Strudel gebildet hatten, zusammen, verschmolzen miteinander oder zerbrachen dabei. Der inzwischen strahlende Mittelpunkt hatte nichts von seiner Anziehungskraft verloren, aber das Tempo des Restmaterials war bereits so hoch, dass vieles davon wieder und wieder rundherum schleuderte, ohne hineinzustürzen.

Man kann Planeten auch als die verklumpten Überreste jener Materie betrachten, die eigentlich im Stern hätte landen sollen, aber dank ihrer Geschwindigkeit ein prekäres Gleichgewicht fand – zwischen der Fliehkraft[8], die sie aus dem System befördern würde, und dem permanenten Zug des Zentralgestirns.

Was die Sonne mit der sie umgebenden molekularen Wolke im Großen anstellte, wiederholten die Planeten in ihrem direkten gravitativen Einflussbereich im Kleinen. Alles, was nahe genug kam, verleibten sie sich ein. Einzelne Objekte entgingen diesem Schicksal gerade noch, auch wenn sie der Anziehungskraft nicht entrinnen konnten – wir kennen sie heute als Monde.

Führt man diese Betrachtung fort, dann sollten auch die Monde ihrerseits Monde haben, und immer so weiter. Dass dem nicht so ist, liegt an der Hill-Sphäre (benannt nach einem New Yorker Mathematiker, der sie um 1900 berechnete). Wo auf zu engem Raum zu viele unterschiedliche Objekte mit ihrer Anziehungskraft wirken, können sich auf Dauer keine weiteren Trabanten halten.

Denn dass je nach Volumen der einander anziehenden Partner nicht immer alles friedlich abläuft, liegt auf der Hand. Man erinnert sich an Erde und Theia; das erhebliche Bruchstück, das sich damals

---

[8] Zentrifugalkraft. Genau genommen gibt es sie nicht, denn sie ist nur ein Trägheitseffekt mit gegenteiliger Richtung zur Zentripetalkraft.

löste, erhellt nun unsere Nächte. Ebbe und Flut der irdischen Meere zeugen von seiner Kraft.

Um den Saturn wiederum kreisen nach wie vor zahllose Brösel (Krümel) – die berühmten Ringe. Es wird zur Zeit diskutiert, ob es die Überreste eines Mondes sind, oder ob sich die im Gravitationsfeld gefangene Restmaterie einfach in den letzten viereinhalb Milliarden Jahren noch nicht sauber vereinigen konnte. Die erste Theorie bezieht sich auf ein weiteres Kollisionsszenario; unter Umständen kann nämlich ein angezogenes Objekt, das sich mit Bahn und Geschwindigkeit zu lange gegen sein Schicksal stemmt, von der Gravitation des Größeren im Flug zerrissen werden.

Der Ringplanet unterscheidet sich so oder so deutlich von der Erde. Bietet uns die Letztere einen soliden Untergrund, handelt es sich beim Saturn um einen Gasplaneten. Die Ursache geht auf eine frühe Phase zurück, noch vor der Sonnenentstehung. Schwerere Teilchen wie Silikate und Kohlenstoff werden stärker angezogen und sammeln sich in Zentrumsnähe, während die flüchtigen Gase Distanz halten. Daher bilden sich Gesteinsplaneten – auch terrestrische Planeten genannt – tendenziell nahe bei einem Stern; die eher wolkigen Gasklumpen formieren sich weiter draußen und können zu beachtlicher Größe anschwellen.

Ganz sauber lässt sich das natürlich nicht auseinanderhalten. Venus und Erde sind von einer Atmosphäre umgeben (beim Mars ist sie dünn, beim Merkur haben sie die Sonnenwinde weggeblasen), und alle Gasriesen tragen einen mehr oder weniger großen Gesteinskern im Inneren.

Was die Gashülle betrifft, also den Außenbereich, kommt noch ein anderer Faktor zum Tragen: das Magnetfeld eines Planeten. Der Zentralstern deckt seine Umgebung nicht nur mit Licht im sichtbaren Spektrum ein, sondern strahlt auch permanent hochenergetische Partikel ab, die leichtgewichtige Gasteilchen mit sich reißen – so diese Strahlung nicht von magnetischen Feldlinien abgelenkt wird.

Dem kleinen Merkur hat es nichts genützt, er ist zu eng dran an der Sonne. Die Venusatmosphäre existiert wegen eines galoppierenden Treibhauseffektes[9] noch, ist aber an der Oberfläche inzwischen fünfzig Mal so dicht wie auf der Erde; außerdem ist sie dort so heiß, dass Blei schmelzen würde.

Die Gasplaneten sind relativ weit ab vom Schuss und stören sich nicht sonderlich an Verlusten, die ihre Masse kaum beeinträchtigen. Beim Mars liegt die Sache anders. Seine Atmosphäre dünnte wohl auch deshalb aus, weil er nie einen »Dynamo« hatte.

Womit wir bei der Erde wären. Dass sich hier Leben entwickeln konnte, ist – neben vielen anderen glücklichen Zufällen – einem Feld zu verdanken, das die Kompassnadel ausrichtet und bedrohliche Strahlung als pittoreskes Nordlicht in der Atmosphäre verglühen lässt. Aber wo kommt der Schutzschild her?

Nun, schweres Material sammelt sich in der Nähe des jeweiligen Gravitationszentrums, wie sich schon bei der Sonnensystementstehung gezeigt hat. Beim sogenannten Geodynamo handelt es sich um einen Kern aus festem Eisen, der langsam in einer flüssigen, elektrisch leitenden Schicht rotiert.

Man muss sich Himmelskörper ab einer gewissen Größe nicht als starre Gebilde vorstellen, sondern eher als in Zeitlupe »wabbelnde« Objekte. Sie verformen sich quasi wie ein fliegender, wassergefüllter Luftballon. Druckwellen laufen kreuz und quer, die Materie im Inneren strömt, und nur die eigene Gravitation hält das Ding zusammen.

Bei derartigen Massen sind entsprechende Kräfte am Werk. So sorgt etwa der enorme Druck im Erdinneren dafür, dass der Eisenkern trotz einer Umgebungstemperatur von geschätzten 5000 Grad – so heiß ist es z. B. auf der Sonnenoberfläche – fest bleibt. Das gilt aber nicht für den Rest. Bis herauf in die Gegend der Kruste, auf die wir

---

9   Ja, das heißt wirklich so; auf Englisch *runaway greenhouse effect.* Eine Art klimatischer Rückkopplung, die letztlich zum Verdampfen des gesamten Wasseranteils führt. Und nein, der Mensch kann das auf der Erde nicht veranstalten.

uns als sicheren Erdboden verlassen, ist das meiste in zähflüssiger Bewegung. Die Kontinente treiben nur als Schollen darauf; manchmal, wenn Magma aus diesem oder jenem Vulkan sprudelt, werden wir daran erinnert.

Der vor Jahrmilliarden ausgelöste Drehimpuls setzt sich in jedem einzelnen Himmelskörper fort. Sie rotieren um einander, sie rotieren um die eigene Achse, und selbst in ihrem Inneren rotiert es. Was im Falle unseres Heimatplaneten dazu führt, dass Kern und Umgebung miteinander ein elektromagnetisches Feld erzeugen.

Wo alles im Fluss ist, bleiben auch die scheinbar so stabilen Bahnen der Himmelskörper um einander keine unverrückbare Größe. Tatsächlich nimmt man heute an, dass so mancher unserer Gasriesen in früherer Zeit weiträumig spazierenging, Ausflüge in das innere System (sprich: das Revier der Gesteinsplaneten, von Merkur bis Mars) eingeschlossen.

Und genau hier kommt schon wieder Planet Neun ins Spiel.

Seit Computer uns die mühselige Rechenarbeit abnehmen, beschäftigen sich Forscher unter anderem damit, alle bekannten Daten der Sonnensystemobjekte – Masse, Drehimpuls, Bahnpositionen und so weiter – in Rechenmodelle einzuspeisen und das Ganze rückwärts laufen zu lassen, um zu sehen, was in den letzten Jahrmilliarden vor sich gegangen ist.

Auf diese Art wurden mehrere Theorien entwickelt, darunter das Nizza- und das Grand-Tack-Modell (ersteres trägt seinen schönen Namen, weil es am Observatoire de la Côte d'Azur entstand). Es geht dabei um die Planetenmigration. Denn egal, mit welchen Werten man den Rechner füttert, eines kommt dabei immer heraus: dass gerade die massereichen Objekte schwungvoll interagieren.

Gemäß dem zweiten Modell etwa wanderte der Jupiter weit nach innen und näherte sich dabei dem Zentralstern bis auf 1,5 astronomische Einheiten (AE)[10] an. Die Distanzangabe bezeichnet den mittle-

---

10 Engl. *astronomical unit*, AU.

ren Erde-Sonne-Abstand, er gelangte also bis zum Marsorbit, ehe er wieder umkehrte (engl. *tack* = Wende). Bei der Vorstellung macht man sich unwillkürlich Sorgen um den armen Roten Planeten; schließlich ist der Gasriese volumenmäßig gut 8000 Mal größer und trotz seiner ätherischen Zusammensetzung fast 3000 Mal so schwer, was sich entsprechend in der Gravitation niederschlägt.

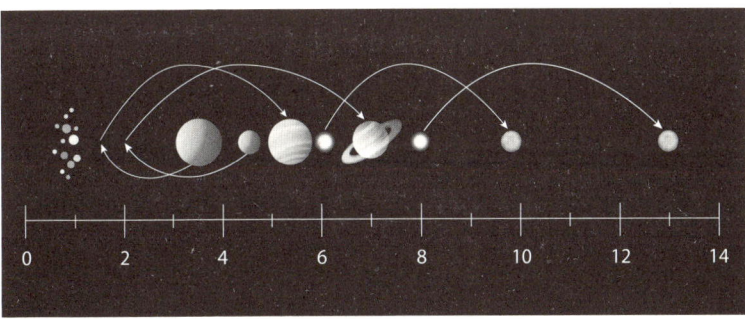

Abb. 1: Planetenmigration laut Grand-Tack-Modell

Dass die inneren Planeten – unsere Erde eingeschlossen – davon nicht aus der Bahn geworfen wurden, lässt sich eigentlich nur so erklären, dass die Visite bloß ein Kurzbesuch war. Vortragende in Internet-Videos zum Thema Planet Neun sprechen von den vier Inneren manchmal als »Wackelkandidaten«, so, als ob deren Bahnen per se besonders störanfällig wären. Was natürlich nicht stimmt; der Irrtum resultiert wohl aus einer Verallgemeinerung des Szenarios.

Jupiter jedenfalls muss umgehend wieder kehrtgemacht haben, also vergleichsweise schnell unterwegs gewesen sein.

Um einen gewichtigen Herren zu solchem Tempo zu veranlassen, bedarf es eines veritablen Mitspielers. Die Simulationen geben aber hinsichtlich Saturn, Uranus und Neptun nicht genug her.

Dass in dieser Periode – als das System erst 600 Millionen Jahre alt war – gravierende Umwälzungen stattfanden, steht außer Frage. Die Hypothese vom »Großen Bombardement« erklärt zum Beispiel die enormen Einschlagkrater am Mond mit vermehrten, massiven Asteroidentreffern; das Gerangel der Riesen lenkte demnach andere Trümmer in den inneren Bereich.

Was war damals los gewesen? 2011 präsentierte David Nesvorny vom Southwest Research Institute eine bestechende Lösung. Fügt man dem Rechenmodell nämlich einen hypothetischen fünften Riesen hinzu, geht die Gleichung auf. Bleibt nur noch die Frage, wo er geblieben ist. Die Antwort lautet: Er wurde später von den anderen hinausgeworfen.

Mike Brown sollte sich bald an diese Theorie erinnern.

Formulierungen wie »aus der Bahn geworfen« können dabei vielleicht zu falschen Vorstellungen führen. Die Gravitation (sie kommt im nächsten Kapitel noch zu ausführlichen Ehren) ist eine ausschließlich anziehende Kraft. Sie hat keine zwei Pole wie der Magnetismus, und kein Himmelskörper kann einen anderen gravitativ abstoßen.

Was sich in so einem Fall abspielt, ist eine wechselseitige Bahnablenkung, während die Objekte mehr oder weniger knapp an einander vorbeifliegen. Ihr Tempo und ihre Flugrichtung verhindern einen Zusammenprall, doch die Gravitation zeigt ihre Wirkung.

In der Raumfahrt macht man sich diesen Effekt zu Diensten, um Schiffe treibstoffsparend auf Kurs zu bringen und zu beschleunigen. Das Manöver wird als Swing-by, Slingshot oder Schwerkraftumlenkung bezeichnet. Die Pluto-Sonde New Horizons zum Beispiel wurde – wie viele andere vor ihr – dicht an den Jupiter herangeflogen, um die attraktive Kraft des Riesen auszunützen.

Man stelle sich eine Kugel vor, die zügig auf einer ebenen Fläche dahinrollt und plötzlich auf eine Senke trifft. Je nach Durchmesser und Tiefe[11] gibt es verschiedene Möglichkeiten. Wenn die Kugel schnurgerade in die Mitte fällt, bleibt sie vermutlich auch dort liegen. Kommt sie schräg herein, dreht sie vielleicht im Trichter ein paar immer schnellere Abwärtsrunden, mit dem gleichen Endergebnis.

---

11   Hier als Repräsentanten für Ausdehnung und Stärke eines Schwerkraftfeldes.

Im Falle der Sonde hieße das, sie stürzt in den Jupiter. Da Reibungsverluste unseres Gleichnisses im All wegfallen, könnte sie auch in einen stabilen Orbit einschwenken und den Gasriesen fürderhin als Satellit umkreisen.

Oder aber die Kugel nimmt den Abhang mit Tempo seitlich; dann saust sie hinein und wieder hinaus, nur mit veränderter Richtung. Zur dauerhaften Beschleunigung würde das nicht reichen, denn die bergab gewonnene Energie braucht sie, um bergauf zu entkommen. Nur wenn sich die Senke ihrerseits bewegt – und zwar halbwegs in der gleichen Richtung – nimmt sie die Kugel mit und gibt ihr einen Schubs. Eine Sonde, die Fahrt aufnehmen will, schleicht sich daher seitlich / von hinten an den Himmelskörper an, um kurzfristig blinder Passagier im Kraftfeld zu spielen.

Planeten, die einander begegnen (meist in einem jungen, noch in Formierung befindlichen System), vollführen unter vergleichbaren Bedingungen eine Art missglückter Pirouette, mit dem Resultat, dass der kleinere vom Tanzboden fliegt.

David Nesvorny ist übrigens nicht davon überzeugt, dass es sich bei Planet Neun um den fünften Gasriesen seiner Rechenmodelle handelt. Er meint, die Flugbahn eines hinausgeworfenen Großplaneten ließe sich danach nicht mehr ausreichend stabilisieren und wähnt ihn auf einer langen Reise im Nirgendwo weit jenseits vom gravitativen Zugriff unseres Heimatsterns. Dem unbekannten Neunten gibt er höchstens fünf Erdmassen und sieht ihn, wenn überhaupt, als letzten Überlebenden einer Reihe ähnlicher Objekte aus der Anfangszeit.

KAPITEL 3
DIE GRAVITATION UND DER AUFBAU UNSERES SONNENSYSTEMS

Die für die Anordnung einander im Weltraum umkreisender Objekte hauptsächlich zuständige Kraft ist gleichzeitig die schwächste von allen.

Das klingt im ersten Moment nicht nur hinsichtlich kosmologischer Zusammenhänge unlogisch; wem schon einmal ein Hammer auf die Zehen gefallen ist, der kann aus eigener Erfahrung die Wirksamkeit der Gravitation bestätigen. Wir haben es hier aber mit Relationen jenseits unserer privaten Wahrnehmungssphäre zu tun.

Die Wissenschaft unterscheidet derzeit vier Grundkräfte, die sogenannten fundamentalen Wechselwirkungen. An zweiter Stelle rangiert in den üblichen Tabellen der Elektromagnetismus. Elektrizität ist etwas, das man sich aus dem Alltag kaum mehr wegdenken kann, so selbstverständlich scheint uns ihr Gebrauch; dass zehntausende Jahre menschlicher Kulturgeschichte ohne diese Segnung ausgekommen sind, steht auf einem anderen Blatt. Im 19. Jahrhundert fasste der schottische Physiker James Clerk Maxwell den seit alters her bekannten Magnetismus[1] mit dieser Kraft zum Elektromagnetismus zusammen.

---

1 Benannt nach der antiken griechischen Landschaft Magnesia (heute *Magnisia* in Thessalien), wo Steine mit entsprechender Eigenschaft gefunden worden waren.

Einer lustigen Idee zufolge sollen ja schon die frühen Ägypter elektrisches Licht eingesetzt haben. Der selbsternannte Ägyptologe Erdoğan Ercivan verweist auf ein Relief im Hathor-Tempel von Dendera, das eine Abbildung zeigt, welche verblüffend einer riesigen Glühbirne ähnelt; außerdem fehlen an den inneren Tempelwänden angeblich jene Rußspuren, die Fackeln – als Arbeitsbeleuchtung in der dort herrschenden Finsternis – hätten hinterlassen müssen.

Nun, es gibt zwar Hinweise darauf, dass sich damalige Tempelpriester elektromagnetische Effekte zunutze machten, um das p.t. Publikum zu beeindrucken. Die altägyptische Glühbirnenhypothese ist aber unter die Kategorie »Maya-Raumschiffe«[2] einzuordnen.

Deutlich stichhaltiger zeigen sich die Grundkräfte Nummer drei und vier auf der Liste: die schwache und die starke Wechselwirkung, auch als Kernkräfte bezeichnet.

Wie der Name bereits sagt, entziehen sie sich unserer direkten Wahrnehmung im Alltag insofern, als sie erst auf submolekularer Ebene richtig in Erscheinung treten, in den Kernen der Atome. »Stark« und »schwach« sind dabei als Adjektiva nicht wörtlich zu nehmen. Physiker leben – wie viele andere Wissenschaftler – in ihrer eigenen Begriffswelt, deren Synonyme sich nicht unbedingt mit dem decken, was die Mehrheit der Uneingeweihten darunter versteht.

Die schwache Kernkraft steht hinter dem Zerfall radioaktiver Substanzen, ermöglicht aber auch die Fusion von Wasserstoff zu Helium im Inneren von Sternen; ihrer »Schwachheit« haben wir es zu verdanken, dass der Prozess eher gemächlich abläuft, weshalb die Sonne schon seit viereinhalb Milliarden Jahren konstant leuchtet (und das noch lange tun wird).

Bei der starken Kernkraft könnte man mit Goethes Faust von dem sprechen, »was die Welt / im Innersten zusammenhält«: Sie ist dafür

---

2 Der Schweizer Schriftsteller Erich von Däniken ist für seine pseudowissenschaftlichen Bücher über außerirdische Besucher bekannt. Er deutet Reliefs in Maya-Tempeln als Darstellungen von Raumschiffen.

zuständig, dass die Hadronen – Neutronen und Protonen[3] – in den Atomkernen nicht auseinanderfallen.

Die Gravitation als Nummer Eins bereitet der Wissenschaft seit jeher Kopfzerbrechen. Sie mag relativ gesehen deutlich schwächer sein (hier im Wortsinne) als die drei anderen, lässt sich jedoch weder abschirmen noch umkehren[4], und sie nimmt zwar im Quadrat der Entfernung ab, wirkt aber »unendlich« weit.

Was bedeutet, dass buchstäblich alles im Universum in wechselseitiger gravitativer Beeinflussung steht. Der oben erwähnte Hammer wird also nicht nur von der Erde angezogen, sondern er zieht auch seinerseits die Erde an. Für die dazwischenliegenden Zehen ergibt das keinen Unterschied, aber die Vorstellung, dass unser Globus sich auf den Hammer zubewegt, klingt abwegig.

Es stimmt trotzdem; nur ist die Kursänderung der Erde dabei lediglich rechnerisch nachweisbar. Zum Aufspüren von Planeten ist diese Wechselwirkung dagegen sehr nützlich, denn das Schwerkraftzentrum eines Systems liegt nicht in der Mitte des Sterns. In unserem Fall befindet sich beispielsweise der Punkt, um den Sonne und Jupiter kreisen, außerhalb des Tagesgestirns.

Die Sonne »eiert« also gewissermaßen, und das trifft ebenso auf alle anderen Sterne mit Planeten zu. Wobei der Effekt mit zunehmender Distanz abnimmt – Planet Neun wird weit draußen vermutet, wo er zudem entsprechend langsam unterwegs ist; von diesem Problem wird später noch die Rede sein.

1687 veröffentlichte Isaac Newton in Principia Mathematica die künftig nach ihm benannten Gesetze. Ob es dem legendären Apfel zu verdanken ist, der ihm vom Baum auf den Kopf fiel, sei dahingestellt.

---

[3] Hatten wir sie nicht unlängst als Baryonen bezeichnet? Stimmt. Und wir können sie auch Nukleonen nennen. Die erste Kategorisierung bezieht sich auf ihre Masse, die zweite eben auf ihre innere Bindungskraft (griech. *adrós* = stark) und die dritte auf ihre Position (llat. *nucleus* = Kern).

[4] Schwebevorrichtungen oder das künstliche Schwerkraftfeld der *Enterprise* sind (leider) physikalische Unmöglichkeiten.

Kapitel 3

Jedenfalls schien nun alles hinsichtlich Masse und Anziehung geklärt. Wären da nicht so ein paar lästige Kleinigkeiten gewesen, wie etwa die Umlaufbahn des Merkur, der sich partout nicht an Newtons Mechanik halten wollte.

Es dauerte über zweihundert Jahre, bis ein Schweizer Patentamtsangestellter die Sache von einer völlig neuen Warte aus anging und nebenbei die Physik revolutionierte. In Albert Einsteins Relativitätstheorie wird die Gravitation als Krümmung eines vierdimensionalen Raum-Zeit-Kontinuums betrachtet – und ab jetzt war unter anderem völlig klar, warum Merkur so fliegt, wie er fliegt.

Den Physikern jedenfalls. Als Normalsterblicher hört man davon zwar schon in der Schule, aber den Meisten dürfte es so gehen wie »der Schauspielerin« im Film *Insignificance*,[5] wo Marilyn Monroe »dem Professor« die Sache anhand einer Spielzeugeisenbahn erklärt. Der folgende Dialog, sinngemäß: Er (begeistert): »Sie haben es verstanden!« – Sie (resignierend): »Nein.«

Die Relativitätstheorie gilt als Standard, höchstens ein paar Quantenphysiker oder ihre Kollegen von der theoretischen Fraktion wollen derzeit daran herumbasteln. Nehmen wir das Modell also als gegeben. Die darin postulierte Höchstgeschwindigkeit führt im Gedankenexperiment zu interessanten Resultaten. Ließe jemand beispielsweise mit Zauberhand die Sonne verschwinden, bekämen wir das auf der Erde erst acht Minuten später mit: Bis dahin würde uns ein nicht mehr existenter Stern leuchten, und der Heimatglobus zöge unbeirrt seine Bahn um einen imaginären Anziehungspunkt.

An sich ist es nicht so schwer, sich die Zeit als vierte Dimension vorzustellen. H.G. Wells hat es in seinem Roman *Die Zeitmaschine* recht anschaulich dargelegt: Ein Gegenstand verfügt über Länge, Breite und Höhe – die drei Raumdimensionen. Er »existiert« aber erst, wenn er auch eine Ausdehnung in der Zeit besitzt, sonst gäbe es ihn »nie«.

---

5   Tragikomödie, GB 1985, Regie: Nicolas Roeg.

Die Gravitation und der Aufbau unseres Sonnensystems

Etwas komplizierter wird es, wenn man hinzuzieht, dass nicht nur das Universum aus lauter Partikeln bestehen soll, sondern auch sämtliche wirkenden Kräfte von Teilchen repräsentiert werden. Im Prinzip kann nämlich kein Physiker plausibel erklären, was ein Feld (vulgo Kraftfeld) eigentlich genau ist. Man hat daher seine Zuflucht zu Teilchen genommen, die herumfliegen und die jeweilige Wirkung erzeugen. Bei der starken Kernkraft etwa sollen Gluonen unterschiedlicher »Farbladung« – die natürlich nichts mit Farbe zu tun hat – für den Zusammenhalt sorgen und so weiter.

Dass die alles umfassende Teilchenhypothese ihre Tücken aufweist, merkt man beim Licht. Es ist laut Lehrmeinung grob gesprochen sowohl Teilchen als auch Welle. Dieser intellektuelle Bauchaufschwung[6] war nötig geworden, weil Einstein sein Modell ohne den »Äther«[7] entwickeln wollte. Der Begriff stammt aus der Antike und bezeichnet eine unsichtbare Trägersubstanz. Ohne ein solches Medium könnte sich das Licht nicht fernab von Materie durchs All bewegen, weshalb Einstein die Photonen erfand.

Das Konzept einer aus Teilchen aufgebauten Welt kannte man bereits im alten Griechenland. Um 400 v. Chr. hatte der Philosoph Demokrit erklärt: »In Wirklichkeit gibt es nur Atome und leeren Raum.« Es scheint ein menschliches Bedürfnis zu sein, am Ende der immer mehr ins Detail gehenden Betrachtungen irgendwann auf ein Letztes, ein nicht weiter Trennbares zu stoßen. Daher der Name: grch. *átomos* = unteilbar (auch wenn wir ihn heute für zusammengesetzte Partikel verwenden). Ein paar hundert Jahre später kam man in Indien ebenfalls auf derlei Ideen. Heute leben sie in der von Max Planck gegründeten Quantenphysik fort – mit der sophistisch anmutenden Einschränkung, dass es zwar quasi ein »Hinter den Quanten« gibt, dort aber die physikalischen Gesetze nicht mehr gelten.

---

6 © Winfried Lesowsky. Der Professor bezog sich dabei allerdings nicht auf Physik.
7 Nicht mit der organischen Verbindung zu verwechseln, die als Gas betäubende Wirkung hat.

Um 1700 hatte Newton »Lichtkorpuskel« eingeführt. Seine Theorie wurde ad acta gelegt, weil die Lichtgeschwindigkeit dann immer davon abhinge, ob, wohin und wie rasch sich eine Leuchtquelle bewegt: Eine aus dem Auto geworfene Bierdose ist schließlich auch mit »plus Fahrgeschwindigkeit« unterwegs.

Tatsächlich breitet sich das Licht aber genau wie eine Welle aus. Die Bewegung des Ausgangspunktes manifestiert sich analog zum Schall – Stichwort: vorbeifahrendes Auto – nur in einer Frequenzverschiebung.[8] Wie der Ton höher oder tiefer wird, so wird das Licht »blauer« oder »röter«. (In *Insignificance* kommt eine auf die Spielzeuglok gebundene Taschenlampe zum Einsatz.)

Im Gegensatz zu Newton kam Einstein mit seinen Teilchen bei den Wissenschaftlern dank diverser Modifikationen durch; wobei er selbst einräumte, dass es theoretisch genauso gut einen Äther geben könnte. Die Vorhersagen der Relativitätstheorie erwiesen sich im Laufe der Jahrzehnte jedenfalls als korrekt. Es ist wie mit der Urknalltheorie, man kennt einstweilen kein besseres Modell.

Es hat aber ein wenig den Anschein, als könnte der Äther durch die Hintertür wieder hereinkommen. Die Orbits ferner – sehr ferner – Galaxien passen den Physikern nämlich nicht in ihre Formelkonzepte. Eigentlich müssten diese Objekte längst davongeflogen sein; es ist zu wenig Masse da, um sie auf ihren Bahnen zu halten. Und zwar viel zu wenig Masse. Damit die Gleichungen wieder stimmten, wurde eine »Dunkle Materie« eingeführt, die satte 23 % des Universums ausmachen soll. Weitere 72 % sollen aus einer »Dunklen Energie« bestehen. Ihnen beiden ist gemeinsam, dass man sie – nomen est omen – nicht sehen kann.

Wie dem auch sei, im Moment haben wir nicht nur die Photonen am Hals, sondern auch das Problem, womöglich für jede Kraft ein Trägerteilchen finden zu müssen. Im Falle der Anziehung wäre das ein Graviton. Welches wie so viele seitens der Quantenphysik postulierten

---

[8] Siehe Kapitel 9, Dopplereffekt.

Partikel noch nicht nachgewiesen werden konnte. Zum Glück müssen wir uns bei Planetenbewegungen nur mit einer vierdimensionalen Raumzeit anfreunden; die Theoretiker grübeln längst über dutzenden hypothetischen Dimensionen.

Sehen wir uns das Sonnensystem also in Ruhe näher an.

Auf den vertrauten Graphiken wird der Stern mit seinen größten Begleitern recht anschaulich dargestellt. In so einer übersichtlichen Gruppe wäre es entschieden verwunderlich, wenn sich ein dicker Brocken seit Anbeginn der Zeiten erfolgreich versteckt hätte. Abgesehen von der offenbar etwas eigenwilligen Bahn des Planeten Neun gibt es einen recht einfachen Grund für das Missverständnis: Die Relationen in den Abbildungen stimmen nicht einmal näherungsweise.

Das hat praktische Ursachen.

Wenn wir beim obigen Vergleich bleiben – der Jupiter als Kürbis, die Erde als Marille und der Pluto als Erbse –, dann wäre die Sonne eine Kugel, deren Durchmesser der Größe eines Menschen entspricht. Aber wie verteilen die sich nun wirklich im Sonnensystem?

Tatsächlich sind massive Objekte im Weltraum so selten, dass man sie beinahe vernachlässigen könnte. Galaxien stellen bereits ungewöhnliche Anhäufungen dar, und noch viel enger geht es in Sternsystemen zu. Nehmen wir das unsrige als Beispiel, und ziehen wir ein Fußballfeld als beliebten Referenzrahmen heran.

Steht die mannshohe Kugel namens Sonne im Tor, befindet sich der am nächsten stehende Planet – der Merkur hat hier passenderweise die Größe einer Kirsche – 150 Meter weit weg. Das wäre selbst bei einem Olympiastadion irgendwo hinten in den Rängen der gegenüberliegenden Kurve. Die Distanz zur Erde beträgt 375 Meter, zum Jupiter sind es fast zwei Kilometer, und um den Punkt zu erreichen, wo Pluto und Neptun dem Tormann am nächsten sind, müsste selbst der trainierteste Mittelstürmer eine halbe Stunde lang laufen (nämlich gut elf Kilometer weit).

Es wäre nicht ganz abwegig, Himmelskörper als marginale Verunreinigungen in den Weiten des Alls zu betrachten. Selbst im schmalen

Asteroidengürtel, wo es quasi vor Objekten wimmelt, müsste ein fiktiver Raumschiffpilot tagelang kreuzen, um überhaupt einen Brocken zu Gesicht zu bekommen. Und das, obwohl alle Massen bereits entlang einer Scheibe verdichtet sind, die ganze Raumachse »Nord-Süd« also mehr oder weniger wegfällt.

Man sieht, es ist nicht ganz so einfach mit dem Aufspüren von Planeten. Zumal, wenn der Gesuchte sich nicht an die Regeln hält und abseits auf einer schrägen Bahn spazierengeht. Was beim Tempo von Planet Neun im übertragenen Sinne der Fall sein dürfte: Er benötigt laut Voraussagen mindestens zehntausend Jahre, um der Sonne einmal halb so nahe zu kommen wie Pluto.

Die Scheibengestalt setzt sich im Übrigen auch bei Galaxien fort; deren Mitglieder ordnen sich innerhalb meist ebenfalls so an (es ist der Grund, warum wir die Milchstraße als Band am Firmament sehen). Was allerdings nichts über die relative Lage im Einzelnen aussagt. Es gibt im Universum bekanntlich kein »oben« oder »unten«. Jedes System kann in beliebigem Winkel zu jedem anderen stehen.

Für Astronomen bedeutet das, ferne Gruppen in allen Abstufungen zwischen »von oben« und »von der Seite« vor die Linse zu bekommen, wodurch die jeweiligen Studienmöglichkeiten beschränkt werden. Für Astronauten kann die Relativität ziemlich lästig sein; zur Vereinfachung der Kommunikation wurden nach ein paar Jahren auf der Internationalen Raumstation ISS in den Modulen Hinweispfeile für »oben/unten« angebracht.

Ob die Schwerkraft nun lieber an Newton oder an Einstein glaubt – sie hat unser Sonnensystem arrangiert. Am engsten kreisen die vier Gesteinsplaneten um den Zentralstern, von innen her aufgezählt bekanntlich Merkur-Venus-Erde-Mars. Sie alle bewegen sich in einem überschaubaren Rahmen von 60 bis 230 Millionen Kilometern Distanz und liegen auch hinsichtlich der Größe nicht allzu weit auseinander: Die Bandbreite reicht von 4900 bis 12.700 Kilometern (Merkur bzw. Erde).

Bis zum nächsten Objekt klafft scheinbar eine über 500 Millionen km weite Lücke – dreißig Mal so breit wie der Bereich, den die inneren Planeten benötigen; dort liegt der bereits erwähnte Asteroidengürtel.

Milliarden von Trümmern ziehen darin ihre Bahnen, darunter die im 19. Jahrhundert entdeckte und heute als Zwergplanet klassifizierte Ceres.[9] Trotzdem schätzt man die Gesamtmasse aller dortiger Asteroiden auf bloß ein Fünftel jener des Erdmondes. Was erklärt, warum der fiktive Raumschiffpilot lange suchen müsste.

Ab nun verschieben sich die Relationen deutlich. Die äußeren Planeten sind nicht nur größer, sondern auch viel weiter voneinander entfernt. Der »Kürbis« Jupiter (Durchmesser 138.000 km) sieht sich neben dem nicht wesentlich kleineren Saturn in der Gesellschaft der, sagen wir, Zuckermelonen Uranus und Neptun (50.000 km).

Ihre Distanz zur Sonne beträgt zwischen 750 und 4500 Millionen Kilometern. Sie verteilen sich also auf ein Gebiet, das fünf bis dreißig Mal so weit vom Zentralstern entfernt ist wie die Erde – gemessen an der Breite ist es gut zwanzig Mal so ausgedehnt wie der Platz, den die bescheidenen Gesteinsplaneten in Anspruch nehmen.

Womit das Stichwort zur Zusammensetzung gefallen wäre. Begriffe wie Gasplaneten, Gasriesen oder Eisriesen können insofern verwirrend sein, als sie teilweise kreuz und quer für die vier Großen verwendet werden.

Die Klärung ist relativ einfach, aber wichtig: Wir befinden uns hier nämlich aller Wahrscheinlichkeit nach in der Kinderstube des Planeten Neun.

Als Gasplaneten werden alle vier bezeichnet, weil sie überwiegend aus leichten Gasen wie Wasserstoff oder Helium bestehen; ebenso als Gasriesen, aus naheliegenden Gründen.[10] Daneben kennt man noch

---

9   Benannt nach der römischen Göttin des Ackerbaus; deren griechische Entsprechung ist Demeter.
10 In anderen Systemen gibt es auch Gaszwerge, die werden aber meist Mini-Neptune genannt.

den Begriff der jovianischen, also jupiterähnlichen Planeten. Nur Uranus und Neptun werden auch als Eisriesen bezeichnet. Nicht, weil ihre Oberflächentemperatur mit ca. minus 200 Grad tatsächlich niedriger ist als jene der anderen beiden (Jupiter -108°, Saturn -140°), sondern weil sie einen höheren Anteil von Wasser aufweisen, das überwiegend in gefrorener Form vorliegt.

Der Ausdruck »Oberfläche« ist, nebenbei gesagt, mit Vorsicht zu genießen. Wo soll die bei einem Gasplaneten genau sein? Sicher nicht dort, wo fester Untergrund beginnt – auf die Art z. B. am Saturn zu landen wäre kein Vergnügen, denn dann befände man sich bereits sehr, sehr tief im Inneren des Planeten. Und selbst auf der Erde sind die Lufttemperatur- und Höhenunterschiede entlang der Kruste beträchtlich. Wissenschaftler sprechen daher lieber vom »Nullniveau«. Es ist eine willkürlich gezogene Grenze, von der irdischen »Meereshöhe« abgeleitet, wo der Atmosphärendruck 1 Bar beträgt.

Zurück zum Revier der Gasriesen: Dass ausgerechnet hier draußen der bei weitem größte aller erdähnlichen, also vorwiegend aus Gestein zusammengesetzten Himmelskörper entstand, ist ziemlich unwahrscheinlich. Bei Planet Neun dürfte es sich also eher um ein Gasobjekt handeln – so er denn nicht migrierte.

Das Sonnensystem ist nun noch lange nicht zu Ende. Als Nächstes kommt der Kuipergürtel. Er wurde nach dem US-Astronomen Gerard Kuiper benannt, dessen holländische Vorfahren bis heute für Ratlosigkeit hinsichtlich der Aussprache sorgen; vom deutschen »Kuipär« bis zum englischen »Kaipör« ist alles schief, richtig wäre »Koiper«.

Der Gürtel erstreckt sich in einer Entfernung von 30-50 AE[11] und ähnelt seinem innen liegenden Namensvetter insofern, als sich dort zahllose kleinere Objekte herumtreiben; über 70.000 davon sollen aktuellen Schätzungen zufolge mindestens hundert Kilometer Durch-

---

11 Zur Erinnerung: Das entspricht 4,5 bis 7,5 Milliarden Kilometern.

messer haben. Sie alle werden unter der Abkürzung KBOs (vom engl. *Kuiper Belt Objects*) subsummiert und sind als solche eine Untergruppe der transneptunischen Objekte (TNOs).

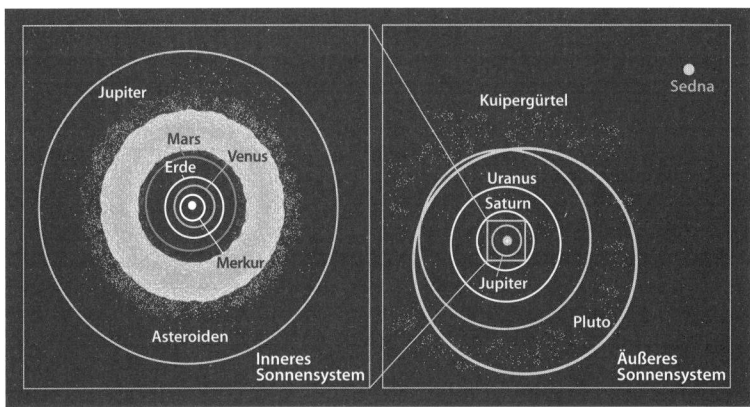

Abb. 2: Asteroiden- und Kuipergürtel

Aus dieser Gegend stammen die meisten Kometen, die wir zu Gesicht bekommen. Direkt wie den berühmten Halley, der alle 75 Jahre vorbeischaut,[12] oder indirekt als Sternschnuppen. Die Meteorschauer der Perseiden etwa, die uns jeden August ein paar Wünsche freigeben, sind unterwegs verlorengegangene Stücke des Kometen Swift-Tuttle. Immer wenn die Erde seine Bahn kreuzt verglühen sie in der oberen Atmosphäre.

KBOs ziehen keine einheitliche Bahn, sondern leisten sich alle möglichen Extravaganzen. Man unterscheidet drei Gruppen. Es gibt solche, die halbwegs kreisförmige Orbits einschlagen, und nur in der Bahnneigung ausreiten, um bis zu 30 Grad. Zum Vergleich: Selbst der

---

[12] Der Stern von Bethlehem war er allerdings nicht. Das Datum weicht ab, und Kometen wurden außerdem als Unheilsbringer betrachtet.

Merkur, dem man das angesichts seiner Sonnennähe nachsehen kann, weicht bloß um 7 Grad ab.

Eine zweite Gruppe wurde von der Neptunschwerkraft eingefangen und bewegt sich seitdem in Bahnresonanz zu dem Eisriesen. Das heißt, dass ihre Umlaufzeiten in einem exakten Verhältnis stehen, zum Beispiel 2:3 bei den Plutinos; sie umkreisen unsere Sonne zwei Mal in der gleichen Zeit, die Neptun braucht, um drei Runden zu drehen.

Die dritte Fraktion macht quasi, was sie will. Ihre Mitglieder streunen oft 2000 AE weit hinaus, weshalb man sie auch SDOs (Scattered Disc Objects[13]) oder SKBOs nennt.

Der oben gefallene Name Plutino wurde nicht zufällig gewählt, denn der namensgebende Degradierte bewegt sich ebenfalls auf einer Bahn mit 2:3-Resonanz zum Neptun. »Plutokiller« Mike Brown führte 2006 nebenbei dieses Argument ins Feld. Allerdings tanzen auch Jupiter und Saturn in 1:2-Harmonie.[14]

Den letzten bevölkerten Grenzbereich unseres Sonnensystems bildet die Oortsche Wolke. Sie wurde 1950 von dem niederländischen Astronomen Jan Hendrik Oort als Ursprungsort langperiodischer Kometen postuliert und unterscheidet sich in zwei wesentlichen Punkten von den bislang besprochenen Gruppierungen: in ihrer Ausdehnung (bzw. Distanz) und hinsichtlich der Verteilung ihrer Objekte.

Zunächst einmal erstreckt sie sich bis in eine Entfernung von vermutlich 100.000 AE. Das sind Maßstäbe, die den bisherigen Rahmen sprengen. 15.000 Milliarden Kilometer, über 3000 Mal so weit weg wie der Neptun – wenn wir hier den Tormann/Kirsche-Vergleich heranziehen, müsste unser Mittelstürmer beinahe den ganzen Erdball umrunden.

Und: Die Bestandteile der Wolke kümmern sich nicht im Geringsten um die Ausrichtung der Ekliptik. Sie sind in jeder Raumdimension

---

13 *Scattered* = verstreut; mit *disc* ist hier die planetare Scheibe gemeint.
14 *Harmonices mundi* (Weltharmonien) betitelte Johannes Kepler anno 1619 sein astronomisches Werk, in dem auch das dritte nach ihm benannte Gesetz steht.

verstreut, was bedeutet, dass sie das Zentrum nicht als Gürtel, sondern als Schale umgeben. Sie zählen trotzdem zum Sonnensystem, weil sie noch der Gravitation unseres Heimatsterns unterliegen, auch wenn dessen Winde längst nicht mehr bis dorthin wehen.[15]

Da uns die Wolke von allen Seiten umschließt, kann man sie nicht als Ganzes sehen und so ihre genauen Grenzen festlegen. Die Zahl ihrer Objekte dürfte weit in die Billionen[16] gehen, aber sie sind so klein, dass sich die Schale nicht einmal über Einzelbeobachtungen definieren lässt. Die Existenz der Oortschen Wolke ist so gut wie unbestritten; sie gilt dennoch im wissenschaftlichen Sinne als hypothetisch.

Was ist nun mit jenem großen Bereich, der dazwischen – hinter dem Kuipergürtel – noch fehlt?

Es ist genau das Gebiet, in dem gewisse transneptunische Objekte ihr Wesen treiben; darunter nicht zuletzt Sedna, welche ihren Entdecker Mike Brown auf die Spur des Planeten Neun führte. Um die Theorie und alle sich darum rankenden Spekulationen zu verstehen, muss man zunächst die darin verwendeten Begriffe klären.

---

15 Sonnenwind: Ein permanent ausgesandter Strom geladener Teilchen. Auf der Erde lösen sie manchmal schwere Schäden in den Energienetzen aus. Am 1. September 1859 sprühten beim *Carrington Event* Funken aus allen Leitungen, von Rom bis Hawaii waren Nordlichter zu sehen, und die Papierstreifen der Telegraphenbeamten fingen angeblich Feuer. Heute hätte ein derartiger koronaler Massenauswurf den weltweiten Ausfall von Kommunikationsnetzen zur Folge.

16 Billion = 1000 Milliarden. Es führt oft zu Verwechslungen, dass der Begriff *billion* im Englischen »Milliarde« bedeutet.

KAPITEL 4

VOM METEOR BIS ZUR GROSSEN MAUER

Vorab: Wer meint, mit allen Fachbegriffen hinlänglich vertraut zu sein und bloß die aktuellen Neuigkeiten hinsichtlich des Planeten Neun sucht, kann dieses Kapitel vorläufig ruhig überspringen. Sollten sich später dennoch Fragen auftun, lässt sich gegebenenfalls ja immer noch zurückblättern.

Erfahrungsgemäß sind allerdings die Wenigsten in der Lage, aus dem Stand den Unterschied zwischen einem Meteor und einem Meteoriten genau zu erklären – nur zum Beispiel.

Bei Sonnen (eigentlich: Sternen) ist es ziemlich klar: Das sind die, die aus eigener Kraft leuchten, weil der Innendruck eine Kernreaktion ausgelöst hat. Planeten nennt man – unabhängig von ihrer Zusammensetzung – alle kugelförmigen[1] Objekte, die um einen Stern kreisen, und Monde (astronomisch: Satelliten) jene, die um einen Planeten kreisen.

Schon hier stimmt die Sache nicht mehr ganz. Von den bereits erwähnten neuen Planetenbedingungen abgesehen, können Monde ebenso gut um verschiedenste andere Objekte orbitieren. Je nach Größe kommen wir zudem mit unseren Definitionen in Schwierigkeiten; je massenähnlicher sie sind, desto heikler wird die Be-

---

[1] Man erinnert sich: Es ist die Gravitation, die ihnen bei ausreichender Masse Kugelform verleiht.

stimmung, wer hier der Chef und wer der Begleiter ist. Plutos Mond Charon etwa ist so groß, dass man bei der IAU seinerzeit darüber diskutierte, ob nicht Letzterer ebenfalls als Zwergplanet eingestuft werden sollte. Physikalisch gesehen stellen sie ein Doppelsystem dar.

Um auf die obige Quizfrage zurückzukommen: Das Wort Meteor[2] bezeichnet bloß eine Himmelserscheinung. Dazu kann alles Mögliche zählen, was in der Atmosphäre verglüht. Ein Meteorit hingegen ist ein (natürlich entstandenes) Objekt, das es bis herunter zur Erdoberfläche geschafft hat – in welchem Zustand auch immer.

Ob es sich dabei ausschließlich um die Erde handeln darf, ist eine Streitfrage, die regelmäßig aufgewärmt wird, wenn von Meteoritenkratern auf anderen Himmelskörpern die Rede ist. Die sollten nämlich angeblich Asteroidenkrater heißen ... Zu allem Überfluss kennt man auch noch Meteoride (Plural von Meteorid, mit »d«). Sie unterscheiden sich von Asteroiden durch ihre geringere Größe.

Wie müßig solche Beckmesserei ist, zeigt sich bei der Frage, ob es eine größenmäßige Untergrenze für frei flottierende Objekte gibt. Die Antwort lautet: nein, natürlich nicht. Sogenannte Mikrometeoriten zum Beispiel, mit höchstens ein paar Millimetern Durchmesser, sind in der Raumfahrt berüchtigt. Wenn so ein Körnchen mit ein paar tausend km/h daherkommt, kann es die Außenhülle durchschlagen – auch fernab der Erde.

Asteroiden jedenfalls sind die Brocken, die eigenständig um den Stern kreisen, aber nicht genug Masse haben, um Kugelform anzunehmen.

Aber gilt das nicht ebenso für Kometen? Richtig. Schon wieder so eine kleine Unlogik in der Terminologie. Eigentlich müsste man Kometen als Untergruppe der Asteroiden betrachten; um dem Dilemma althergebrachter Bezeichnungen zu entkommen, ziehen die Nomen-

---

[2] Griech. *metéoros* = in der Luft schwebend; daher auch der Name der hoch am Berg errichteten Metéora-Klöster.

katoren abweichende Bahneigenschaften heran, was aber ein wenig nach Ausrede klingt.

Optisch ist der Unterschied leicht auszumachen: Kometen haben einen Schweif. Was daran liegt, dass sie großteils aus Eis bestehen. Sobald sie dem Stern nahe genug kommen, verdampft ihre Oberfläche und wird vom Sonnenwind weggeblasen. Der Schweif sagt daher nichts über die Flugbahn aus; er flattert nicht im Kielwasser, sondern weist stets vom Stern weg.

Bei den gefrorenen Substanzen handelt es sich übrigens tatsächlich oft um Wassereis, also Hydrogenverbindungen. Worauf die Theorie basiert, dass unsere blaue Erde ihre schönen Ozeane Kometentreffern zu verdanken hat.

Genug der Kleinteiligkeit. Am anderen Ende der Skala rangiert derzeit die Hercules-Corona Borealis Great Wall mit einem Durchmesser von zehn Milliarden Lichtjahren. Zur Beruhigung: Es handelt sich nicht um ein Einzelobjekt wie die chinesische Mauer,[3] sondern um eine angenommene Superstruktur, die vermutlich aus Superhaufen besteht, welche ein Filament bilden.

Wer wäre da nicht beeindruckt, trotz der relativierenden Beiworte.

Das imposante Wortgetöse ist aber keine Erfindung des Autors, sondern findet sich in einschlägigen Lexika. Filament? Superhaufen? Superstruktur? Fehlt nur noch Superman, der dort sein Schultertuch flattern lässt ... nein, Scherz beiseite. Das lateinische *super* bedeutet schlicht »darüber«, also über das zum Vergleich Herangezogene hinausgehend. Wissenschaftler sind nicht besonders einfallsreich, wenn sie sich der Sprache jenseits ihres Fachjargons bedienen müssen.

Als man beispielsweise 1998 auf der Europäischen Südsternwarte ESO[4] mehrere Fernrohre zu einem Verbund zusammenschloss, er-

---

3 Engl.: *Great Wall (of China)*.

4 Das Paranal-Observatorium steht in Chile, auf einem Grat der Anden in der Atacamawüste. Die weite Anlage mit gut einem Dutzend Fernrohren ist so ziemlich die beste Station zur Weltraumbeobachtung, die es auf der Erde gibt – nur Teleskope im All können sie in Einzelbereichen ausstechen.

hielt er den Namen »Sehr Großes Teleskop« (*Very Large Telescope*, abgekürzt VLT). Ebendort ist gerade ein neues Fernrohr im Bau, dessen Hauptspiegel größer als alle bisherigen sein wird. Der Name: »Extrem Großes Teleskop« (*Extremely Large Telescope*, ELT). Geplant war zudem ein sogar noch größeres Fernrohr, das dann auf die Bezeichnung »Überwältigend Großes Teleskop« gehört hätte (*Overwhelmingly Large Telescope*, OLT), wenn die Budgetmittel nicht gestrichen worden wären.

Als Superhaufen wird in der Astronomie eine Ansammlung bezeichnet, die – wenig überraschend – eine Gruppe von Haufen darstellt. Ein Haufen (engl. *cluster*) wiederum ist entweder ein Rudel von Sternen oder, wie hier, eine Serie von Galaxien. Eine Galaxie umfasst ihrerseits alle enthaltenen Sternsysteme, samt deren Sonnen und Planeten.

Wo wir uns gerade durch das Dickicht der Nomenklatur schlagen: Was ist eigentlich der Unterschied zwischen »Galaxie« und »Galaxis«? Beide Worte haben ihren Ursprung im griechischen *gála*, also Milch. Als unsere Vorfahren einst das leuchtende Sternenband bestaunten, ließen sie sich eine hübsche Geschichte dazu einfallen.

Göttervater Zeus hatte mit der schönen Alkmene ein Kind gezeugt, das die Mutter aber aus berechtigter Furcht vor der Gemahlin des Galans aussetzte. Die Zeustochter Athene hatte Mitleid mit dem Säugling – er war ja ihr Halbbruder – und arrangierte, dass die Göttermutter Hera beim Spazierengehen auf das weinende Kind stieß. Mitleidig gab sie ihm die Brust. Der zukünftige Held Herakles (daher sein Name) saugte so kräftig, dass sie ihn vor Schmerz wegstieß. Die noch strömende Milch spritzte ans Firmament, wo wir sie seitdem als Milchstraße sehen können.

Dass »Galaxis« im Deutschen heute ausschließlich unsere eigene Sternansammlung bezeichnet, während »Galaxie« den eigentlichen Überbegriff darstellt, ist lediglich einer sprachlichen Konvention geschuldet.

Aus astronomischer Sicht dürfte der Umstand bedeutsamer sein, dass die Ansammlungen nicht gleichmäßig verteilt sind, weder innerhalb eines Haufens noch sonst wo. Die Materie des Universums ist mehr wie in einem Schwamm angeordnet. Galaxien, Haufen und Superhaufen bilden Verklumpungen, die wie durch Membranen oder Fäden verbunden erscheinen. Da hätten wir die Filamente: Das Lateinische *filum* bedeutet Faden. Die Hohlräume – um beim Gleichnis des Schwammes zu bleiben; man kann sich auch Schaum und Bläschen vorstellen – werden als Voids[5] bezeichnet.

Wo man hier noch größere Strukturen ausmacht, ist eine Frage der Perspektive und der Fantasie. Nicht zuletzt, weil unser Blickwinkel in kosmischem Maßstab praktisch auf einen Ausgangspunkt beschränkt ist. Die *Hercules-Corona Borealis Great Wall* liegt in Richtung der namensgebenden Sternbilder Herkules und Nördliche Krone (Corona Borealis)[6]. Ihr offizieller Status lautet im Moment »hypothetisch« – was aber nicht heißt, dass dort womöglich gar nichts ist, sondern nur, dass die Gelehrten noch grübeln, ob man dabei von etwas irgendwie Zusammenhängendem sprechen soll.

Sternbilder stellen übrigens alles andere als kohärente Gruppen dar. Es handelt sich um Anordnungen leuchtender Objekte beliebiger Art, die mit freiem Auge sichtbar sind und dem menschlichen Geist als Muster erscheinen; so, wie wir in Wolken Tiere oder in Holzmaserungen Gesichter erkennen. Die Einzelteile eines Sternbildes liegen oft Millionen von Lichtjahren auseinander und ergeben nur aus unserem Blickwinkel eine Art von Schema.

Die Superstruktur ist so weit weg, wie sie groß ist: zehn Milliarden Lichtjahre. Wobei sich diese Maßeinheit leicht sagt; klar, das ist die Distanz, die das Licht in einem Jahr zurücklegt. Aber was soll man sich in Relation darunter vorstellen?

Wir sind im Heimatsystem schon von Kilometern auf AE gewechselt – ein Sprung um den Faktor 1:150.000.000 –, um nicht vor lauter Zahlenwürsten den Überblick zu verlieren. Ein Lichtjahr ist ein

---

5 Engl. *void* = Leere, Lücke, Hohlraum.
6 Griech. *boréas* = Nordwind.

Kapitel 4

weiterer Sprung um 1:63.000 ... mit Kirschen und Kürbissen lässt sich hier nichts mehr anfangen.

Das Licht braucht nicht viel mehr als eine Zehntelsekunde, um den ganzen Globus zu umrunden. Trotzdem wird diese scheinbar vernachlässigbare Größe schon innerhalb unseres Sonnensystems zum technischen Problem, wenn es etwa darum geht, einen Rover auf dem Mars fernzusteuern.

Obwohl der Rote Planet kosmisch gesehen direkt vor unserer Nasenspitze liegt, dauert es selbst im günstigsten Fall[7] gut vier Minuten, bis ein Signal die Entfernung überwindet (und – logisch – noch einmal so lange, bis die Antwort zurückkommt). Acht Minuten sind bei weitem ausreichend, um das teuerste je gebaute Auto über die nächste Klippe fallen zu lassen. Deshalb sind alle Rover buchstäblich im Schneckentempo unterwegs; autonom können sie nicht fahren, denn eine Software, die aus den zahllosen Daten der High-Tech-Instrumente sinnvolle Vorgaben zur Route macht, fehlt bislang. Manchem Navi-Benutzer wird das bekannt vorkommen.

Die Lichtgeschwindigkeit (Maßeinheit: c) ist also nicht zu unterschätzen. Für Entfernungsangaben haben wir nur noch eine größere Einheit auf Lager, das vor allem in der Science-Fiction gern genannte Parsec (pc). Eigentlich ist es eine »sie«, namentlich die Parallaxensekunde.[8] Sie ergibt sich aus einer Winkelfunktion und hilft zunächst nicht viel weiter, weil sie bloß 3,26 Lichtjahren entspricht. Man kann aber bis zum Gigaparsec hochlizitieren, und dann lassen sich selbst die größten Voids im einstelligen Bereich fassen. Das beobachtbare Universum hat einen Durchmesser von 14 Gpc.

Moment; wieso »beobachtbar«? Nein, es geht nicht, wie man vermuten könnte, um eine Beschränkung durch die aktuelle Leistungsfähigkeit menschengemachter Instrumente. Wir sind hier bei

---

[7] Bei größter Annäherung der beiden Planeten auf ihrer jeweiligen Bahn.
[8] Die Entfernung, aus welcher 1 AE unter einem Winkel von einer Bogensekunde (dem 3600sten Teil eines Kreises) erscheint.

einer der spannendsten Eigenschaften der Lichtgeschwindigkeit angelangt.

Was immer wir sehen, ist ein Bild aus der Vergangenheit. Ganz einfach, weil das Licht eine gewisse Zeit braucht, um unsere Netzhaut zu treffen. Das gilt noch viel mehr für alles, was wir hören. Dass die Schallgeschwindigkeit niedriger ist als ihre optische Schwester, kann man leicht selbst feststellen, indem man – zum Beispiel – einen Holzfäller durch ein Fernglas beobachtet: Bild und Ton laufen auseinander, die Axt trifft den Stamm früher als wir das dazugehörige Geräusch registrieren.

Unser in Jahrmillionen an die irdische Umgebung adaptiertes Gehirn ist nicht darauf trainiert, technisch modifizierte Eindrücke (hier: die Vergrößerung) mit dem »natürlichen« Rest der Sinneswahrnehmungen abzugleichen. Detto in einer Umgebung, die nicht dem Habitat des Affen entspricht, etwa unter Wasser. Dass die Lichtgeschwindigkeit dort um satte 25 % geringer ist[9], fällt kaum auf; wer aber beim Tauchen schon einmal versucht hat, ein fernes Geräusch zu lokalisieren, kennt die sich einstellende Verwirrung.

Das Gehirn errechnet die Position einer Schallquelle nämlich anhand der Zeitverzögerung, mit der ein Ton beim linken und rechten Trommelfell eintrifft.[10] Die Schallgeschwindigkeit ist im Wasser gut vier Mal so hoch wie in der Luft, da steigt unser Bordcomputer aus.

Unser organisches Instrumentarium ist schon gar nicht dafür ausgelegt, das Universum zu begreifen. Wozu auch? Zum Überleben der Spezies war es völlig unwichtig, zu wissen, wie weit ein Stern entfernt ist. Die Tiefe einer Schlucht oder der Schemen einer hungrigen Raubkatze waren da um einiges maßgeblicher.

Als sich die Affen auf die Hinterbeine erhoben, ihr Fell verloren und an Muskelkraft einbüßten, benötigte der Computer zusätzliche Schaltkreise, um die Handicaps auszugleichen. (Wobei diese Ent-

---

9 Nein, c ist keine fixe Größe. Innerhalb eines Diamanten sind die Photonen sogar um 60 % langsamer unterwegs.
10 Die Lautstärkedifferenz spielt dabei nur eine Nebenrolle.

wicklungen parallel liefen, im ewigen Testkreislauf der Natur via Versuch und Irrtum.) Man kann es als Kollateralnutzen bezeichnen, dass sich das humanoide Gehirn quasi überentwickelte.

Schlauer zu sein als der Gorilla war nützlich. Zu wissen, dass man irgendwann garantiert sterben wird, musste als Nebeneffekt erst einmal verdaut werden; eine Aufgabe, der sich seitdem die Religionen widmen. Erst vor 2600 Jahren hat sich die Philosophie aus der Religion entwickelt – als man Götter erstmals bei den Überlegungen ausblendete – und erst vor 500 Jahren etablierte sich die Naturwissenschaft als von der Philosophie separierte Herangehensweise, bei der für Behauptungen Regeln wie die Wiederholbarkeit von praktischen Experimenten galten.

Man erinnert sich an Galileo, der den argwöhnischen Kirchenmännern die Monde des Jupiter im Fernrohr zeigte. Dass die Emanzipation der Wissenschaft bis heute auf wackligen Beinen steht, sieht man an der Quantenphysik. Deren Postulate erweisen sich immer wieder als zweckdienlich, beweisen im eigentlichen Sinne kann man davon jedoch kaum etwas. Es verwundert nicht, dass sich einer der anerkanntesten Vertreter dieser Zunft, Anton Zeilinger, seit langem regelmäßig mit dem Dalai Lama zum amikalen Gedankenaustausch trifft; hier verschwimmen erneut die Grenzen zu Philosophie und Religion.

Was bleibt uns auch, angesichts der unüberwindbaren biologischen Beschränkungen? Dem beobachtbaren Universum scheinen seine Grenzen sogar von der Natur selbst gezogen. Eine einfache Rechnung: Wenn das All 13,8 Milliarden Jahre alt ist und das Licht so lange braucht, wie es braucht, kann man nichts beobachten, das weiter als 13,8 Milliarden Lichtjahre entfernt ist.

Die reale Größe des Universums ist Gegenstand diverser Theorien, sie reichen bis zur Definition »unendlich«. Was bleibt, ist die Tatsache, dass wir mit unserem Augenlicht stets in die Vergangenheit zurückschauen.

Das Firmament, wie wir es erblicken, ist eine einzige gigantische Zeitmaschine. Und noch dazu eine mit von Punkt zu Punkt variierendem Einstellungsbereich. Wir sehen die Sterne dort, wo sie waren, als das von ihnen ausgesandte Licht auf die Reise ging, und so, wie sie waren. Letzteres bedeutet, dass es viele längst nicht mehr gibt, weil sie in einer Supernova explodiert sind, und dass man andere nicht mehr sehen könnte, weil sie etwa zu einem Schwarzen Loch kollabierten.

Auch dort, wo wir sie sehen, befinden sie sich nicht. Die relative Position am Himmel mag zufällig übereinstimmen, obwohl Galaxien und größere Strukturen genauso ruhelos sind wie ihre Bestandteile. Ein Beispiel dafür wäre die Andromeda: Die Galaxie im gleichnamigen Sternbild und unsere Galaxis bewegen sich mit über 400.000 km/h auf einander zu, was in ein paar Milliarden Jahren zu einem interessanten Treffen führen dürfte.

Als Menschheit wird uns das aber nicht sonderlich berühren, weil wir dann – so es die Gattung Homo noch geben sollte – andere Sorgen haben; die Sonne hat die Erde längst gegrillt und ist dabei, ihren größten Umfang in Gestalt eines Roten Riesen anzunehmen. Außerdem resultiert der »Zusammenstoß« zweier Galaxien höchstens punktuell im Frontalaufprall einzelner Festkörper wie Sonnen oder Planeten, dazu sind diese Objekte viel zu rar gesät; »Durchdringung« wäre die bessere Bezeichnung. Ob die beiden Massezentren hinreichend gravitatives Interesse aneinander zeigen werden oder die Andromeda einfach nur durch unsere Galaxis diffundiert, mag dann die geistigen Nachfahren irdischer Physiker beschäftigen.

Was die Position der Sterne betrifft, wie wir sie heute sehen, kommt hinzu, dass sich das All ausdehnt. Nicht mehr mit dem aberwitzigen Tempo wie direkt nach dem Urknall, aber doch. Und zwar allmählich wieder schneller, wenn die Wissenschaftler ihre Daten richtig interpretieren – sie machen die erwähnte Dunkle Energie dafür verantwortlich. Die ältesten Sterne befinden sich demnach schon viel weiter draußen als ihre jetzt von uns ermittelten Eigenschaften hinsichtlich Alter und Distanz besagen.

Wie diese Faktoren ermittelt werden, ist ein ganz eigenes Thema, dem wir uns später widmen werden. An dieser Stelle nur so viel: Man kann schließlich nicht »von außen nachmessen«, also ist die Wissenschaft auf Rückschlüsse angewiesen – und hier ergibt sich das Problem, dass entscheidende, aber unbekannte Parameter voneinander direkt abhängen; wenn man den einen verschiebt, dann ... Nun, ein Spötter könnte meinen, es sei letztlich eine Frage des Glaubens.

Die Geschwindigkeit als solche wartet, als ob sie die Verwirrung auf die Spitze treiben wollte, noch mit ihrer eigenen Relativität auf. Ohne Bezugsrahmen ist sie eine aussagelose Größe. Ob Welle oder Teilchen, erst ein zweiter Messpunkt in der Gleichung führt zu einer sinnvollen Aussage – wie schnell X relativ zu Y unterwegs ist.

Die Behauptung, es »gäbe« keine Überlichtgeschwindigkeit innerhalb des Universums, ist in dieser Form falsch. Ein Gedankenexperiment, das ein wenig an die aus dem fahrenden Auto geworfene Bierdose erinnert, geht so:

Theoretisch könnten zwei auf einander gerichtete Kanonen je eine Kugel mit 150.000 Kilometern pro Sekunde abschießen. Stellen wir uns vor, eines der Geschütze steht am Mond, das andere auf der Erde. Lassen wir geringfügige Faktoren wie die Reibung weg (gedanklich darf man sowas) und feuern beide Kanonen gleichzeitig. Die Lichtgeschwindigkeit beträgt eine Spur weniger als 300.000 km/s. Da der Mond eine Lichtsekunde weit weg ist,[11] treffen die Projektile nach dieser Zeit auf halbem Weg zusammen. Mit welchem Relativtempo? Richtig: mit – minimaler – Überlichtgeschwindigkeit.

Eine Kamera in der Kugel würde ihr Gegenstück erst mit relativ deutlicher Verzögerung losfliegen sehen, und zum Zeitpunkt des Aufpralles schiene es immer noch auf Distanz. Das beobachtbare Universum heißt deswegen so, weil wir nichts wahrnehmen können, das sich relativ zu uns einmal weiter weg befand als die Entfernung, welche das Licht inzwischen hätte überwinden können. Was unter anderem bedeutet, dass man über die tatsächliche Ausdehnung des Alls nur spekulieren kann, da sich auch – und erst recht – ein unendliches Uni-

---

11 Nur für dieses Beispiel. Tatsächlich sind es im Mittel 383.398 Kilometer.

versum weitestgehend unserem Blick entziehen würde. Zum Glück sind diese Effekte bei der Suche nach Planet Neun vernachlässigbar. Das Teleskop, das ihn aufspürt, wird eine quasi falsche Position angeben; die Abweichung ist dann aber so gering, dass sie nicht ins Gewicht fällt.

Nur, wonach soll es Ausschau halten? In der Liste fehlen nach den Kleinobjekten von Asteroiden bis Planeten und den großen Strukturen von Galaxien bis hin zu »Wänden« noch die Sterne und Artverwandte. Zum Beispiel Braune Zwerge – eine der Formen, die der Gesuchte angeblich aufweisen könnte.

Laut Systematik haben wir es bei einem Himmelsobjekt dieser Art mit einem Zwitter zu tun, der halb Planet und halb Stern ist. (Man sieht: Kaum hat der Gelehrte eine solide Reihe von Schubladen gebaut, taucht prompt ein Spielverderber auf, der partout in keine davon passen will.) Der Zündmechanismus einer Sonne ist soweit klar – hinreichend Druck samt Temperatur, und die zerquetschten Wasserstoffatome ordnen ihre Kerne neu zu Helium, wobei ziemlich viel Energie überbleibt, die als Strahlung abgegeben wird.

Das Ausgangsmaterial eines angehenden Braunen Zwergs enthält aber auch schon schwerere Elemente,[12] weil er Reste früher Supernovaexplosionen in sich trägt. Und so kann es passieren, dass die Masse des Objekts knapp nicht ausreicht, um das Wasserstoffbrennen in Gang zu setzen. Den Atomen werden zwar die Elektronen weggedrückt, aber es langt entweder nur für die Bildung eines Heliumisotops, oder es ist Lithium beteiligt.

Als Resultat bekommt man ein halb vor sich hin köchelndes Objekt, in dessen Zentrum zwar Fusionsabläufe stattfinden, das aber an der Oberfläche gerade ein paar hundert Grad heiß wird und nicht viel heller strahlt als ein ordinärer Planet – im optischen Spektrum also so gut wie gar nicht. Was mit ein Grund dafür sein dürfte, dass man

---

12 Sie werden in diesem Zusammenhang oft Metalle genannt (Stichwort Metallizität), haben aber mit den Metallen des Periodensystems wenig gemeinsam.

im Universum bisher nur etwa dreißig Exemplare davon ausfindig machen konnte. Immerhin, um zum Braunen Zwerg zu werden, muss eine Materieansammlung mindestens dreizehn Mal so schwer werden wie Jupiter. Es gibt keinerlei Anhaltspunkte dafür, dass sich in unserem System jemals ein derartiges Objekt gebildet hat, im Gegenteil. Als Kandidat für Planet Neun scheidet die Version daher ebenso aus wie die amüsante »Nemesis-Theorie«.

Selbige besagt, dass unsere Sonne seit jeher eine Begleiterin hat (manchmal mit Verweis auf das erwähnte Zwillingsstern-Modell), die in regelmäßigen Abständen wiederkehrt. Begonnen hatte die Sache in den 1980ern damit, dass zwei US-Paläontologen das Artensterben im Laufe der Erdgeschichte untersuchten. Dabei fiel ihnen eine gewisse Regelmäßigkeit auf; ungefähr alle 26 Millionen Jahre kam es zu einem Massenexitus. Nun hatte schon ein paar Jahre vorher ihr Landsmann, der Geologe Walter Alvarez, gemeinsam mit seinem Vater die Hypothese aufgestellt, die Dinosaurier wären durch einen Asteroideneinschlag ausgerottet worden. Der Physiker Richard Muller – bekannt geworden für seine populärwissenschaftlichen Bücher – zählte daraufhin Zwei und Zwei zusammen und verkündete, da draußen wäre ein böser Zwilling der Sonne unterwegs, der von Zeit zu Zeit die Kometen am Rande unseres Systems durcheinanderwirbelte. Sie stürzten daraufhin sonnenwärts und bombardierten die Planeten.

Dem Einwand, eine zweite Sonne am Himmel hätte doch irgendwie schon auffallen müssen, begegnete er mit der Erklärung, Nemesis kreise eben sehr weit weg, so ein bis zwei Lichtjahre; und vielleicht sei sie ja ein Roter Zwerg, die strahlen nicht so hell. Unnötig, zu sagen, dass sich bis heute keine Spur von der Dame mit dem bedrohlichen Namen[13] gefunden hat.[14] Was den Realitätsbezug betrifft, bewegt sich die Sache wohl im Umfeld von Ercivan und Däniken.

---

13 Nemesis ist in der griechischen Mythologie die Göttin des Zornes und der Rache.
14 Der 2013 in 7,5 Lichtjahren Entfernung entdeckte Braune Unterzwerg WISE 0855-0714 war es nicht, so sehr sich Muller trotz der wesentlich größeren Distanz auch gefreut hätte.

Kehren wir zu Ernsthaftem zurück. Auch wenn die hochoffizielle Klassifikation von Sternen eher an ein buntes Sammelsurium von Märchenfiguren denken lässt: Gelbe Riesen und Weiße Zwerge, Blaue Überriesen und Rote Unterzwerge ... nein, Grüne Kobolde oder Lila Feen gibt es für die Astronomen noch nicht. Und all die lustigen Bezeichnungen haben nachvollziehbare wissenschaftliche Grundlagen (ja, sogar die Schwarzen Löcher, aber dazu später).

Das Stichwort lautet Hertzsprung-Russell-Diagramm.[15] Die 1913 ausgearbeitete Skala stellt Leuchtkraft, Farbe, Größe und Alter eines Sterns in Relation. Mit dieser Spektralklassen-Graphik lässt sich jedes Himmelsobjekt, das im optischen Bereich[16] aus eigener Kraft strahlt, anhand der aufgezählten Parameter kategorisieren, selbst wenn der eine oder andere Faktor fehlt.

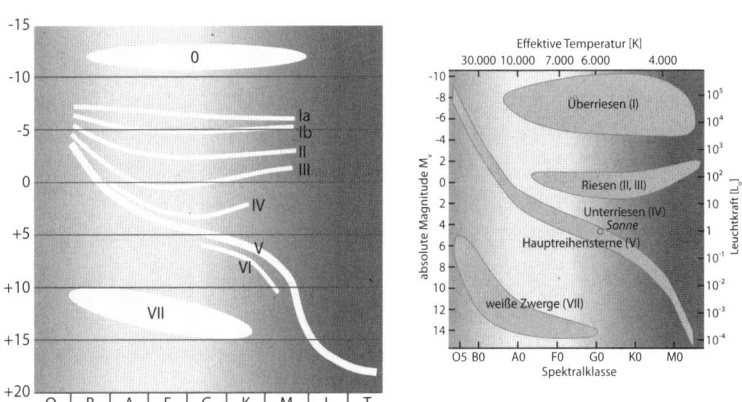

Abb. 3: Hertzsprung-Russell-Diagramm

---

15 Ejnar Hertzsprung: dänischer Astronom, dessen Arbeiten vom seinem US-amerikanischen Berufskollegen Henry Russell weiterentwickelt wurden.
16 Jener Abschnitt des elektromagnetischen Spektrums, den das menschliche Auge wahrnehmen kann.

Ohne jetzt langweilig ins Detail zu gehen: Die Grundüberlegung ist unsere Kenntnis hinsichtlich der Prozesse beim Wasserstoffbrennen und der dabei freigesetzten Wellen. Woraus zum Beispiel folgt, dass ein sehr schwerer Stern (10–50 Sonnenmassen) seinen »Treibstoff« schnell und heftig verheizt; Blaue Riesen strahlen hell, aber kurz. Schon nach zehn Millionen Jahren kann der Wasserstoff aufgebraucht sein. Zum Vergleich: Unsere Sonne rangiert in der Kategorie Gelber Zwerg, leuchtet schon seit viereinhalb Milliarden Jahren und ist noch lange nicht am Ende.

Ober- und unterhalb finden sich alle anderen Varianten, die sich jeweils charakteristisch in der Spektralfarbe unterscheiden: energiereich = Richtung Blau / kurzwellige Strahlung, masseärmer = Richtung Rot und blasser.

Der zweite Punkt betrifft die Entwicklung des Sterns – was passiert als nächstes? Auch hier sind sich die Wissenschaftler ziemlich einig. Ist der Wasserstoff weg, wird das entstandene Helium abgebrannt, dann folgen immer schwerere Elemente, bis schließlich Eisen überbleibt, das sich beim besten Willen nicht mehr kernfusionieren lässt. Inzwischen hat sich der Stern wegen seiner kontinuierlich abnehmenden Masse ziemlich aufgebläht; selbige wurde ja in Energie umgesetzt, und allmählich schwächelt die vom Zentrum ausgehende Gravitation.

Bis jetzt hat der Strahlungsdruck das Gebilde noch aufrechterhalten, aber nun ist plötzlich Schluss mit der Fusion. Eine Zeit lang schwebt die ganze Restmaterie der Hülle noch unschlüssig herum, bis sie schließlich ungebremst nach innen fällt. Der Einsturz löst eine Druckwelle aus und ...

Die Fortsetzung hängt von der ursprünglichen Gesamtmasse ab.

Unsere Sonne zum Beispiel ist dabei, sich langsam auszudehnen. Für die Erde bedeutet das: Es wird wärmer und heller – in ca. 900.000 Jahren beträgt die Durchschnittstemperatur 30 Grad Celsius. Die Betonung liegt dabei auf Durchschnitt; aktuell ist es weniger als die Hälfte. Die Zeitspanne mag für ein menschliches Individuum lang erscheinen, aber wenn man berücksichtigt, dass es die Sauerstoffatmosphäre seit 2,6 Milliarden Jahren gibt, sind wir schon zu drei Vierteln durch, soweit es die Existenzmöglichkeit für höhere Lebewesen betrifft.

Mit Hitze kommt unsereiner an sich gut zurecht. Vor 40 Millionen Jahren[17] war es acht Grad wärmer als heute, der CO_2-Gehalt lag fünfmal so hoch, die Pole waren eisfrei und die Säugetiere tummelten sich allerorten frohgemut in tropischen Wäldern. Bei noch acht Grad mehr wird es aber zu heiß für höhere Organismen; 30 Grad mittlere Temperatur gelten als die kritische Grenze, auch für Pflanzen.

In eineinhalb Milliarden Jahren – ab heute gerechnet – sind dann alle Seen, Flüsse und Meere verdampft (70°), in zwei Milliarden Jahren schmelzen Minerale (100°), und die Sonne ist noch lange nicht fertig. In fünf Milliarden Jahren wird sie sich zu einem Roten Riesen aufgebläht und die Erde wahrscheinlich »verschluckt« haben. Schließlich kollabiert der Rest des Sterns zu einem Weißen Zwerg, der allmählich erlischt.

Bei massereicheren Artgenossen führt der Zusammenbruch zu einer Supernova, die den Himmelskörper kurzzeitig heller aufleuchten lässt als eine ganze Galaxie, während die rücklaufende Druckwelle alles in der Umgebung in die Tiefen des Raumes befördert – etwaige noch vorhandene Planeten eingeschlossen. Zurück bleibt unter Umständen ein Neutronenstern, der die Masse von ein, zwei Sonnen auf zehn bis zwanzig Kilometer Durchmesser verdichtet und rasend schnell rotiert.

Die Konzentration eines solchen Objekts lässt sich mit menschlichen Maßstäben kaum verdeutlichen. Fall sich der Leser (im Unterschied zum Autor) etwas darunter vorstellen kann: Ein Teelöffel Neutronenstern wiegt zehn Millionen Tonnen.

Es geht sogar noch eine Nummer heftiger; womit dann aber wirklich das Ende der Skala erreicht wäre, versprochen. Die Rede ist von

---

[17] Diese Zahlenangaben sind der Verständlichkeit halber gerundet, wie schon in der Einleitung gesagt.

Kapitel 4

einem sogenannten Schwarzen Loch. Besonders fantasievollen Überlegungen nach soll ja Planet Neun in Gestalt einer Unterart dieser Objekte seine Runden drehen. Bleiben wir vorläufig beim Greifbaren.

War die ursprüngliche Masse des »sterbenden« Sterns mindestens vierzig Mal so groß wie die unserer Sonne, kann die Gravitation des überbleibenden Klumpens ausreichen, um selbst das Licht einzufangen.

Dass Masse die Ausbreitungsrichtung elektromagnetischer Wellen beeinflusst, ist bekannt. Im Falle eines Schwarzen Lochs wird die Gravitation innerhalb eines bestimmten Wirkungsbereiches so stark, dass die Photonen dort auf eine Kreisbahn einschwenken – salopp gesagt: Das Licht geht aus. Jedenfalls für einen Beobachter, der sich etwas ansehen möchte, das von seiner Warte aus irgendwo hinter dem hochverdichteten Objekt liegt.

Den Bereich dieser Auslöschung nennt man Ereignishorizont (engl. *event horizon*) oder Schwarzschild-Radius. Letztere Bezeichnung hat nichts mit Dunkelheit zu tun, Namensgeber ist der deutsche Physiker und Astronom Karl Schwarzschild[18], der vor hundert Jahren diesen Effekt vorhersagte. Da man ein Schwarzes Loch per Definition nicht sehen kann, gestaltete sich der Nachweis schwierig. Eine gute Idee war, auffällige Schatten zu suchen, die sich vor bekannte Lichtquellen am Firmament schoben. Aber woher sollte man wissen, welche Art von Objekt das dann genau war?

Wie in solchen Fällen üblich, dachten die astronomischen Detektive über Indizien nach. Ein solches Gravitationszentrum musste doch jede Materie, die in seinen Bannkreis geriet, derart brutal anziehen, dass sie bei der Beschleunigung nicht bloß weißglühend wurde, sondern auf den höchsten Frequenzen strahlte. Flugs fanden Journalisten eine dramatische Bezeichnung dafür: »Todesschrei der Materie.«

Wie auch immer, die Überlegung der Wissenschaftler war korrekt, und im April 2019 ging ein Bild um die Welt: die erste Aufnahme

---

18 Ein Zeitgenosse Albert Einsteins, der die Arbeiten des Kollegen kannte und verwertete.

eines Schwarzen Lochs.[19] Sie ist in der Mitte erwartungsgemäß finster, doch man sieht einen orangefarbenen Ring. Zwar nur, weil – wie ebenfalls üblich – das tatsächliche Spektrum für die Abbildung in den optischen Bereich verschoben wurde, aber das tut der Entdeckung sicherlich keinen Abbruch.

Als quasi ultimative Massekonzentrationen werden Schwarze Löcher in fast jeder uns bekannten Galaxie angenommen, wo sie den Dreh- und Angelpunkt bilden, dessen Anziehungskraft alles rundherum auf Position und in Bewegung hält.

Was geschieht, wenn man ihrem Ereignishorizont zu nahe kommt oder ihn sogar passiert, ist Gegenstand zahlreicher und oft recht origineller Überlegungen. Im englischen Sprachraum wurde der Begriff *spaghettification* geprägt und bei uns als »Spaghettifizierung« übernommen. Er soll den Umstand illustrieren, dass die auf ein sich näherndes Objekt wirkenden Anziehungskräfte auch innerhalb desselben unterschiedlich stark sind, wodurch es wie eine Nudel in die Länge gezogen wird.

Respektive natürlich in seine Bestandteile zerrissen, aber das stört theoretische Physiker genauso wenig wie die Temperatur (der Besucher »glüht« ja bereits im Gammastrahlenbereich). Sie diskutieren ernsthaft darüber, ob man von dem Horizont nun zurückgeworfen wird oder vielleicht quer durch das Zentrum des Lochs in der Zeit reisen kann.[20]

Ein Skeptiker könnte fast meinen, dass sich die Wissenschaft auch von ihren eigenen Erkenntnissen nicht einschüchtern lässt. Wobei wir uns hier noch auf dem vergleichsweise sicheren Boden großer Schwarzer Löcher befinden; als Version für Planet Neun wurde ein marillengroßes Objekt dieser Art vorgeschlagen, wie man es aus den Theorien von Stephen Hawking ableiten kann.

---

19 Aufgenommen mit dem Event Horizon Telescope, einem weltumspannenden Zusammenschluss von zwölf Observatorien.
20 Stichwort Einstein-Rosen-Brücke, vulgo Wurmloch; siehe auch Kapitel 13.

Kapitel 4

Die Bandbreite für den gesuchten neuen Neunten wäre damit abgesteckt. Mit dem nötigen Rüstzeug in puncto astrophysikalischer Ausdrucksweisen versehen, können wir uns der Entdeckungsgeschichte zuwenden.

KAPITEL 5

WAS ZÄHLT EIN PLANET AUS ZWEITER HAND?

Planet Neun gilt in der Wissenschaft derzeit als nicht verifiziert bzw. als hypothetisch. Das klingt soweit vollkommen logisch, schließlich hat ihn noch niemand gesehen.

Was allerdings auch für den Neptun gilt (für Pluto sowieso), wenn man die Sache genau nimmt. Denn was bedeutet »sehen«? Die Frage erinnert entfernt an den ungläubigen Thomas aus der Bibel, der erst die Wundmale des Gekreuzigten sehen wollte, ehe er die ganze Geschichte glaubte.[1] Und als Galileo anderthalb Jahrtausende später seine Kritiker aufforderte, selbst durch das Fernrohr zu schauen, meinten einige, die Jupitermonde würden womöglich in diesem seltsamen Apparat erzeugt.

Eine Skepsis, die nicht von der Hand zu weisen ist, wenn man etwa an fehlerhafte Pixel denkt, die bei der Durchforstung des digitalen Bildmaterials moderner Teleskope schon öfter zu Irrtümern führten. Man kann sich sogar auf den Standpunkt stellen, den menschlichen – also den eigenen – Sinnen a priori zu misstrauen, da sie als chemoelektrische Signale von unseren Sensoren (Augen, Ohren ...) zum Gehirn geleitet werden und niemand beweisen kann, dass sie nicht manipuliert sind.

---

[1] Joh. 20,25

Es gibt dazu eine spannende Kurzgeschichte des Philosophen Stanisław Lem[2], bei der sich die Lösung um eine Reihe von schaltkreisbestückten Truhen dreht, die mit einer hochkomplexen impulsgebenden Säule verkabelt sind und glauben, menschliche Individuen zu sein. Dem Dalai Lama müsste das eigentlich gefallen.

Der Übersichtlichkeit halber haben wir uns im Laufe der Zeit damit einverstanden erklärt, nicht nur unseren Sinnesorganen, sondern auch künstlichen Hilfsmitteln zu trauen, vom Hörrohr über die Brille bis zum Elektronenmikroskop. Dass noch nie jemand ein Elektron gesehen hat – und auch nie sehen wird –, hindert uns nicht daran, an seine Existenz zu glauben. Glücklicherweise, denn sonst wäre es um den Siegeszug der Elektrizität schlechter bestellt gewesen.

All die farbenprächtigen Bilder des Universums, wie sie in den Medien verbreitet werden, sind im Grunde Fälschungen. Das beginnt mit dem Umstand, dass es zum Beispiel auf dem Pluto ziemlich finster ist; die Sonne ist dort viel zu weit weg, als dass ein Astronaut an Ort und Stelle so beeindruckende Panoramen samt ihrer Farbpalette wahrnehmen könnte. Bei der Reproduktion der Aufnahmen wird verständlicherweise nachgeholfen. Und erst so atemberaubende Bilder wie die berühmten Säulen der Schöpfung im 7000 Lichtjahre entfernten Adlernebel[3]: In solchen Fällen werden vom Infrarot bis zum Gammabereich sämtliche erfassten Wellenbereiche in für das menschliche Auge wahrnehmbare Spektren transponiert und eingefärbt – von Kontrastkorrekturen oder Filtereffekten nicht erst zu reden.

Andererseits wären wir ziemlich dumm, alles abzulehnen, was sich privater Wahrnehmungsfähigkeit respektive Überprüfbarkeit entzieht. Bei Internet-Katzenfilmchen entstünde daraus sicherlich kein

---

2   Der 2006 verstorbene Kybernetiker, ein gelernter Mediziner, ist vor allem als (brillanter) Science-Fiction-Autor bekannt – eine literarische Profession, mit der sich einige große Geister tarnten, nicht nur im ehemaligen Ostblock.

3   *Pillars of Creation*, aufgenommen 1995 vom Hubble-Weltraumteleskop, zusammengesetzt aus 32 Einzelaufnahmen, elektromagnetische Skala infrarot bis ultraviolett.

dauerhafter Schaden, aber wir kämen auch um so sensationelle Dokumentationen wie die der Landung auf dem Saturnmond Titan.

Das Video ist insofern bemerkenswert, als es die erste und bis dato einzige Bewegtaufnahme einer derartigen Unternehmung auf einem fremden Mond darstellt. Am 25. Dezember 2004 wurde der Lander Huygens von der Sonde Cassini abgekoppelt und setzte am 14. Januar 2005 wohlbehalten auf der Oberfläche des Titan auf. In dem aufwendig montierten Film (seitliche Einblendungen sämtlicher Instrumentenaktivitäten)[4] kann man im Zeitraffer zusehen, wie sich eine Milliarden Kilometer entfernte Welt vor den Kameralinsen entfaltet, bis hin zum letzten Blickwinkel von der Oberfläche Richtung Horizont. Ein paar Tage später waren die Batterien leer.

Soweit zu Hilfsmitteln. Ohnehin könnte einen die ganze Angelegenheit mit der Zeit ermüden. Bei aller Begeisterung für technische Kunststückchen, haben wir keine anderen Sorgen? Wofür soll es gut sein, ständig das Genick nach oben zu verdrehen – im übertragenen Sinne –, um Dinge zu erkunden, die manchmal so weit weg sind, dass das Universum vielleicht gar nicht mehr existiert, bevor wir sie erreichen könnten (falls wir überhaupt den absurden Versuch unternehmen)?

Gut, das mit dem Universum ist nur eine Theorie; eine von mehreren. Sie wird als Big-Crunch-Modell[5] bezeichnet; *crunch* heißt »Knirschen«, wurde von den Namensgebern aber wohl deshalb ausgewählt, weil es eine in Bildergeschichten gern verwendete Lautmalerei ist und vornehmlich US-amerikanische Forscher unserer Zeit eben mit Comics aufgewachsen sind.

Ihre Landsleute würden die obige Frage zweifellos mit einem dem Menschen innewohnenden Bestreben beantworten, Grenzen zu über-

---

4   2006, Erich Karkoschka, University of Arizona, Dauer 4:40. Es kursiert derzeit leider eine »animierte« und deutlich langweiligere Version.
5   Es besagt, dass in ein paar Billionen Jahren die Gravitation dafür sorgt, das Universum in Rückabwicklung der dem Urknall gefolgten Expansion wieder auf »Null« zusammenschnurren zu lassen.

winden. Das klingt ganz gut, basiert aber hauptsächlich auf der Glorifizierung der eigenen Siedlertätigkeit in Nordamerika.[6] Evolutionsbiologen würden klarstellen, dass unsere Neugier ein maßgeblicher Faktor im darwinistischen Überlebenskampf der Spezies war.

Es geht auch weniger kompliziert.

Seit sich der Affe auf die Hinterbeine erhob, dürfte ihm die obere Hälfte seines Gesichtskreises allmählich ebenso beschäftigt haben wie der Rest. Nicht, dass es unbedingt lebenswichtig gewesen wäre; von Raubvögeln hatte er wenig zu befürchten, weshalb sich die visuelle Informationsverarbeitung im Gehirn bis heute in erster Linie mit der Horizontalen befasst. Aber die Sonne ist unübersehbar, und dass in der Nacht ein sich verändernder Himmelskörper dort oben scheint ...

Der war zwar selbst im günstigsten Fall deutlich blasser, aber von der Ausdehnung her genauso groß. (Was übrigens der Grund dafür ist, dass wir bei einer Sonnenfinsternis die Protuberanzen so schön sehen können.) Nicht zuletzt eignete er sich für eher auf Kurzzeit ausgelegte Gedächtnisse gut, temporäre Abschnitte festzulegen, die einen Tag überschritten. Daran hat sich wenig geändert: Unser Kalender basiert noch immer auf den vier Mondphasen, die in Summe ungefähr vier Wochen à sieben Tagen ergeben.

Es dauerte ein paar Millionen Jahre, bis der Zweibeiner sesshaft wurde, also nicht mehr nomadisch dem Jagdvieh und dem besseren Wetter folgte, sondern beim Ackerbau ein ganzes Jahr in seine Betrachtungen einbezog. Da er nun dank gespeicherter Vorräte auch erstmals die Langeweile der Freizeit verspürte, widmeten sich einzelne Neugierige dem Firmament.

Es war schon aufgefallen, dass die kleinen Leuchtpunkte dort oben fast immer gleich blieben und sich nur um einen Mittelpunkt drehten. Wenn dann doch etwas abwich, war das umso bemerkens-

---

6   »*Go West*«: Motto der *Manifest Destiny* (wörtlich: offensichtliche Bestimmung), einer im 19. Jahrhundert ausgegebenen Doktrin zur Eroberung des neuen Kontinents mit dem von Gott erteilten Expansionsauftrag, stets eine *last frontier* (letzte Grenze) zu überschreiten. Folgerichtig tragen NASA-Programme gern Namen wie *New Frontiers*.

werter. Jedenfalls für die geistigen Führer – die Klügsten –, die sich inzwischen ihren ebenbürtigen Platz in der Gemeinschaft als Ärzte, Ratgeber o.ä. neben den Stärksten – den Anführern – erworben hatten.

Vieles wollte erklärt sein, in einer Welt, die subjektiv gesehen nicht minder unübersichtlich war als heute. Die Saat verdorrte, der Fluss trat über die Ufer, ein todbringender Blitz fuhr krachend aus dem Himmel: Was lag näher, als dies dem Wirken übermächtiger Gestalten zuzuschreiben? So hielten die Götter und Religionen ihren Einzug. Nicht zum Schaden der Klugen, die es verstanden, sich als Interpreten des Übernatürlichen unentbehrlich zu machen.

Ein Schelm, wer hier an die Rolle von heutigen Priestern oder Astrophysikern denkt. Bei den Sumerern[7] standen Himmelskundige bereits in hohem Ansehen, als die Geburt eines gewissen Jeschua noch Jahrtausende in der Zukunft lag. Schließlich hatte man im Süden des Zweistromlandes nicht nur das Rind domestiziert und das Rad erfunden, sondern auch die Felderbewässerung in großem Maßstab umgesetzt; die auf einem Mondkalender basierenden Angaben der Priester hinsichtlich der richtigen Zeit waren für Aussaat und Ernte unentbehrlich.

Fixpunkte am Himmel hatten sich auch für das gemeine Volk längst als nützliche Navigationshilfen erwiesen. Da Fischer aber weder lesen noch schreiben konnten, gibt es keine in Stein gemeißelte, in Tontafeln gedrückte oder auf Tierhaut gemalten Überlieferungen dazu – ein generelles Problem der Historikerzunft, die sich überwiegend auf Zeugnisse der jeweiligen Herrscherklasse stützen muss, was einem realistischen Geschichtsbild nicht unbedingt Vorschub leistet.

In Europa saß man zu Zeiten Etanas[8] zwar nicht mehr auf den Bäumen, bewegte sich aber meist unter solchen. Der Kontinent war von

---

7 Eines der drei Völker, die – mehr oder weniger parallel – die ersten Hochkulturen der Welt hervorbrachten. Die anderen beiden waren die Inder und die Ägypter. Sie alle entwickelten sich in relativer Nähe zu einander (Bereich: 10 % des Erdumfanges), um den Unterlauf großer Flüsse (Euphrat, Indus, Nil) und entlang des 30. nördlichen Breitengrades.

8 Etana der Hirte: sumerischer König der 1. Dynastie, um 2800 v. Chr.

Kapitel 5

schier endlosen Wäldern bedeckt, in denen sich Kleingruppen herumtrieben, die man etwas vage als Kelten zusammenfasst. Mit einer einzigen Ausnahme. Auf der schönen Insel Kreta hatte sich jene – von Ägypten beeinflusste – Hochkultur entwickelt, die zur Urmutter der gesamten Zivilisation unserer heutigen »Ersten Welt« werden sollte: die Minoer.

Über den Umweg via Mykener, Achaier und den Rückschlag durch die illyrischen Dorer kristallisierte sich die maßgebliche Kultur unseres Kontinents heraus. Man bezeichnet die Periode als das antike Griechenland.

Hier schlug Aristarch von Samos bereits um 250 v. Chr. die Sonne anstelle der Erde als Mittelpunkt vor, weil es ihm logischer erschien. Im Unterschied zu dem vierhundert Jahre später in Ägypten geborenen Claudius Ptolemäus, der das geozentrische Weltbild recht dauerhaft verankerte.[9] Hier im antiken Griechenland verfasste Eratosthenes von Kyrene (ein gebürtiger Libyer) um 200 v. Chr. seine astronomischen Schriften und berechnete nebenbei den Erdumfang – die Kugelform des Planeten war längst bekannt – auf 41.750 Kilometer. Die Abweichung vom heute gültigen Wert betrug 4 %.

Von Kleinigkeiten wie der Erfindung der Demokratie abgesehen war man auch in wissenschaftlicher Hinsicht ziemlich weit vorn. Ein Problem der Planetenbahnen wurde jedoch nicht gelöst. Weniger aus religiösen denn aus ästhetischen Gründen: Man wollte sich einfach nicht vorstellen, dass das Universum von der perfekten Kurve des Kreises abwich.

Der gut 250 Jahre vor Aristarch auf der gleichen Insel geborene Pythagoras hatte nicht nur den nach ihm benannten Lehrsatz[10] aufgeschrieben, sondern auch die Sphärenharmonie postuliert: Die

---

9 So dumm, die Erde als flache Scheibe zu betrachten, war er aber nicht. Die Legende, man hätte im Mittelalter derlei geglaubt, rührt von der germanischen Mythologie und alten mesopotamischen Überlieferungen her, die noch stellenweise in der Bibel durchschimmern.
10 Bei einem Dreieck, das einen rechten Winkel (90 Grad) enthält, ergeben die Quadrate der zwei kürzeren Seiten zu einer Fläche in Summe die der längeren: $a^2 + b^2 = c^2$.

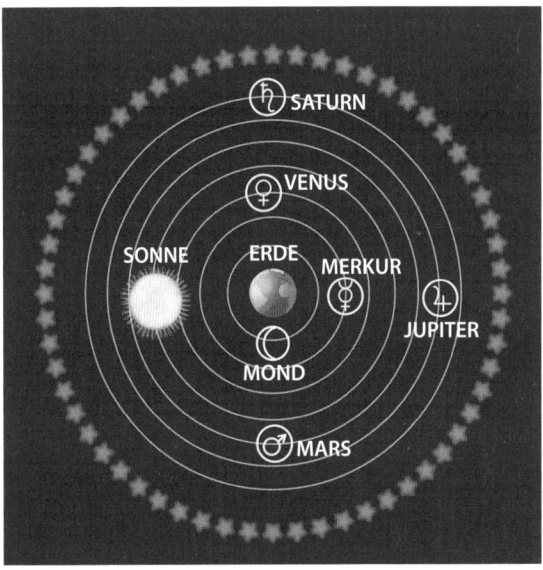

Abb.4: Das ptolemäische Weltbild

Himmelskörper sitzen auf durchsichtigen Kugelschalen[11], und bei ihrer Bewegung entsteht ein akustisch wohltuender Zusammenklang.

Eine nette Idee. Dass sie in unseren Ohren etwas seltsam klingt, lässt sich mit dem Wirken des redegewandten Philosophen erklären; er scharte in Italien weißgekleidete Jünger um sich, die enthaltsam leben mussten, kein Fleisch essen durften ... und so weiter, das Prinzip erinnert nicht von ungefähr an bekanntere Beispiele.

Es musste aber erst das römische Nachfolgereich – als Vermittler griechischen Wissens – untergehen und der Kontinent für tausend Jahre in germanischer Finsternis versinken, ehe im 16. Jahrhundert ein deutscher Naturphilosoph auf die Idee kam, die Kursabweichungen der Planeten damit zu erklären, dass sie elliptischen Bahnen folgten.

---

11 Griech. *spháira* = Kugel.

Kapitel 5

Die Keplerschen Gesetze sind heute Schulwissen (selbst wenn kaum jemand das wesentliche dritte[12] auf Anhieb formulieren kann) und bestimmen auch die Bahn von Planet Neun.

Was keineswegs heißt, dass in der Renaissance[13] eine genaue Trennung von Religion/Philosophie/Wissenschaft vollzogen gewesen wäre. Die Chemiker suchten mit alchemistischen Methoden nach der *essentia quinta* – einem »fünften Seienden«, das Aristoteles um 350 v. Chr. in ganz anderer Form als den Äther in Betracht gezogen hatte, der Einstein nicht ins Konzept passte. Unsere theoretischen Physiker haben die Quintessenz übrigens wieder eingeführt, um die von ihnen vermutete Dunkle Energie zu erklären. Dass dabei Selbstironie Pate stand, darf bezweifelt werden.

Johannes Kepler seinerseits erstellte als Hofmathematiker und evangelischer Theologe ohne Bedenken Horoskope für Persönlichkeiten wie Wallenstein[14] oder Kaiser Rudolf II. Weder der Glaube an den Gott der Christenheit noch ihre sorgfältig durchgeführten wissenschaftlichen Experimente hinderten die Gelehrten daran, Gold aus Dreck destillieren zu wollen und das Schicksal aus den Sternen zu lesen.

Der Glaube an Letzteres ist ungebrochen, wie ein Blick auf die Horoskop-Seite beliebiger Tageszeitungen bestätigt. Der Glaube an die Erkenntnisse der Wissenschaft wurde notgedrungen auf Bereiche ausgedehnt, die sich den menschlichen Sinnesorganen entziehen.

Wenngleich sich nach wie vor Widerstand regt. Kometen mögen nicht mehr kritiklos als Unheilsboten betrachtet werden, doch sobald es beispielsweise um die potentiell gesundheitsschädliche Wirkung von »Handystrahlen« geht, scheiden sich die Geister. Vielleicht zu Recht; vielleicht ist es auch nur das evolutionsbedingte Unbehagen

---

12 »Die Quadrate der Umlaufzeiten zweier Planeten verhalten sich wie die Kuben (dritten Potenzen) der großen Halbachsen ihrer Bahnellipsen.« Etwas einfacher: Ein Planet wird auf seiner Bahn umso schneller, je näher er dem Stern kommt.
13 Übergang vom europäischen Mittelalter zur Neuzeit im 15. und 16. Jahrhundert.
14 Albrecht Wenzel Eusebius von Waldstein, wichtigster kaiserlicher Feldherr im Dreißigjährigen Krieg.

allem Unsichtbaren gegenüber. Hier die Beweise einer aufgeklärten Wissenschaft heranzuziehen, hat den Haken, dass noch jede historische Gesellschaft ihren jeweiligen Informationsstand gern als endgültigen Stand der Dinge betrachtete.

Wenn man der Frage, ob etwas existiert, das keiner sieht, mit allzu philosophischem Besteck zu Leibe rückt, landet man schnell bei intellektueller Akrobatik wie dem Scheinproblem, ob es kracht, wenn im Wald ein Baum umfällt und das keiner hört. Zum Glück besteht bei Planet Neun die hohe Wahrscheinlichkeit, dass er demnächst von einem unserer Instrumente erfasst wird – falls er sich nicht ohnehin schon längst in den Weiten der ungesichteten Datenmassen herumtreibt.

Wie man derlei interpretiert, ist eine Angelegenheit, die Forscher schon lange vor der Erfindung des Computers beschäftigte.

KAPITEL 6
AUSGERECHNETE PLANETEN

Die längste Zeit über waren nur sechs Planeten bekannt – soweit sich aus den erhaltenen Aufzeichnungen schließen lässt. Wobei »bekannt« schon eine Interpretation aus jetziger Sicht darstellt, denn unsere Urahnen hätten dem energisch widersprochen.

Sie unterschieden am sich drehenden Himmelsgewölbe nur zwischen Objekten, die ihre Position zueinander nicht veränderten, und den paar anderen, die offensichtlich herumkurvten. Neben den schwer zu übersehenden Objekten Sonne und Mond waren das die Lichtpunkte Merkur, Venus, Mars, Jupiter und Saturn.

Da sie sich größenmäßig kaum vom Rest unterschieden, nannte man sie folgerichtig Wandelsterne, und die anderen Fixsterne.[1] Der Begriff Planet leitet sich vom griechischen *planáo* (schwanken) her. Damit waren aber alle sieben oben Genannten gemeint; eine sehr praktische Koinzidenz, ließ sich doch so jedem Wochentag eines der Objekte zuordnen. Ja, richtig, das klingt noch in Montag und Sonntag nach.

Man wäre nie auf die Idee gekommen, die Basis, auf der man stand, mit einem der kleinen beweglichen Punkte dort oben in dieselbe Kategorie zu sortieren, oder das Tagesgestirn mit den unbewegten davon

---

[1] Die beiden Bezeichnungen lauteten natürlich je nach Zeitalter und Kulturkreis anders; dies nur zur Klarstellung, dass hier nicht bloß der deutsche Sprachraum gemeint ist.

irgendwie gleichzusetzen. Erst in der griechischen Antike wurden die Relationen allmählich in Zweifel gezogen. Der bereits erwähnte Aristarch von Samos etwa veranschlagte den Sonnendurchmesser auf das Zehnfache der Erde. Damit lag er zwar um den Faktor 11 daneben, aber die Idee dahinter war ebenso revolutionär wie richtig; der Status der Erde als ein Planet unter mehreren schien akzeptiert.

Als sich Europa sechshundert Jahre später für längere Zeit vom kulturellen Fortschritt verabschiedete, wurden die bereits erlangten Erkenntnisse im islamischen Raum aufgegriffen und weiterentwickelt. Die dortige Religion verbot zwar Astrologie als den anmaßenden Versuch, Gott und dem von ihm vorherbestimmten Schicksal in die Karten zu schauen, nicht aber die Astronomie; eine bemerkenswerte Trennung, für die das christliche Abendland sehr viel länger brauchte. Das Astrolabium – eine Art Drehscheibe, die das Firmament abbildet und die relative Position von Himmelskörpern nachvollziehbar macht – wurde perfektioniert, und es entstanden Sternenkataloge, die bis heute in Gebrauch sind.

So konnten die Gelehrten der Renaissance auf etwas zurückgreifen, das man heute wohl erweiterte Datensätze nennen würde.

Einer der Nutznießer war Nikolaus Kopernikus. Als Sohn eines wohlhabenden deutschen Händlers in Polen[2] aufgewachsen, promovierte er 1503 in Italien zum Doktor des Kirchenrechts und arbeitete, in die Heimat zurückgekehrt, als Domherr für den Fürstbischof. Privat interessierte er sich für das Himmelsgewölbe und veröffentlichte kurz vor seinem Tod die Schrift *De revolutionibus orbium coelestium* (*Über die Umschwünge der himmlischen Kreise*).

Zwar erklärte er in diesem Modell die vom runden Ideal offensichtlich abweichenden Planetenbahnen noch mit einer Abfolge von kleineren Kreisbewegungen entlang eines großen Kreises, aber er behauptete außerdem, dass die Erde eine rotierende Kugel sei, welche sich um die Sonne bewegte.

---

2   Im Ermland an der Ostsee, das der Deutsche Ritterorden im 13. Jahrhundert besetzt hatte.

Diese Ideen an sich waren, wie man weiß, alles andere als neu. Für die damaligen Europäer – i.e. das gemeine Volk, um dessen Seelenheil sich die Kirche zu sorgen hatte – hingegen schon. Eigentlich hatte Papst Leo X. nur den immer weiter vom realen Jahr abweichenden Kirchenkalender korrigieren wollen; dass jemand der Sache systematisch auf den Grund ging, war nicht vorgesehen. Kopernikus blieb trotzdem so gut wie unbehelligt, weil er seine Abhandlungen dezidiert an Mathematiker und Astronomen richtete. Und der zeitgleich aus Wittenberg auf den päpstlichen Stuhl schimpfende Martin Luther verstand nichts von Astronomie.[3]

Der dänische Adelige Tycho de Brahe legte um 1570 die Grundlagen exakter Arbeits- und Messmethoden für die Astronomie und wissenschaftliche Systematik, beließ die Erde aber brav im Mittelpunkt des Universums. Immerhin verfeinerte er Kopernikus' Beobachtungen deutlich (wie alle bisher Genannten ohne das Hilfsmittel Fernrohr, nebenbei gesagt) und stellte unter anderem fest, dass sich Kometen auf gänzlich eigenständigen Bahnen bewegten.

Das trug ihm den Spott des achtzehn Jahre jüngeren Galileo Galilei ein, der sie als »Tychonische Affenplaneten« verunglimpfte. Er machte seine dummen Bemerkungen aber – von heutiger Warte aus betrachtet – insofern wieder gut, als er auch das geozentrische Weltbild des Ptolemäus öffentlich für Unsinn erklärte. Das brachte ihn in den legendären Zwist mit dem Vatikan, obwohl er der Kirche als gläubiger Christ doch eigentlich helfen wollte.

Dass er sich dann offiziell der allein seligmachenden Lehrmeinung fügte, ist mehr als verständlich. Das Räderwerk der Inquisition lief gut geölt, und Galilei war das Schicksal von Giordano Bruno sicher bekannt: Der Priester und Astronom hatte zu hartnäckig behauptet, das Weltall sei unendlich (und, schlimmer noch, es könne demzu-

---

3 Im Gegensatz zu Luthers hoch gebildetem Freund Philipp Melanchthon, aber die Stimme des zart gebauten Philosophen ging im Getöse des Augustinermönches unter. (»Wenn ich hier einen Furz lasse, riecht man das in Rom!«)

folge gar kein Jenseits geben), wofür er dreißig Jahre vorher auf dem Scheiterhaufen verbrannt worden war. Galileis überliefertes, trotziges Gemurmel von anno 1632 – »Und sie bewegt sich doch!« – darf getrost ins Reich der Legenden verwiesen werden; inhaltlich entsprach es jedenfalls seiner Überzeugung. Dass er als Mitbegründer exakter Naturwissenschaft gilt, ist auch darauf zurückzuführen, dass er über ein seinen Vorgängern unbekanntes Hilfsmittel verfügte: das Fernrohr. Der holländische Brillenmacher Hans Lipperhey hatte 1608 ein paar Linsen hintereinander montiert, und die Sache funktionierte. Galilei verbesserte das Gerät und konnte nun am Firmament Dinge aufspüren, die noch »nie ein Mensch zuvor gesehen«[4] hatte.

Die Korrektur einer individuellen Sehschwäche – nun gut. Was soll man aber von Erscheinungen halten, die kein Mensch aus eigener Kraft wahrnehmen kann? Wir sagen uns: Wenn ein Stück Glas dem Kurzsichtigen[5] nur das näherbringt, was alle anderen sowieso sehen, liegt keine Hexerei darin, wenn ein anderes Stück Glas auch die Wahrnehmungsfähigkeit der Normalsichtigen verbessert.

Nur dass mit diesem völlig logischen Schluss eine Saat schwer einzubremsender Folgen gelegt ist. Infrarotaufnahmen? Na schön, der Rest stimmt mit dem, was wir sehen, überein; die Mitte eines Menschenkörpers oder die Fenster eines Hauses sind wärmer als die jeweils angrenzenden Bereiche, also zeigt uns dieses Rot da auf dem Bild bloß etwas, das wir jederzeit mit den Händen nachprüfen könnten. Hat man sich daran einmal gewöhnt, greift das Argument »der Rest stimmt überein« auch bei Aufnahmen eines Rasterelektronenmikroskops, und so weiter.

Die Infragestellung klingt so akademisch wie überflüssig, führt aber direkt zu Planet Neun. Dazu muss man glücklicherweise nicht

---

4 Die berühmte Phrase aus dem Vorspann von *Raumschiff Enterprise* ist eine äußerst freie Übersetzung. Im englischen Original *Star Trek* heißt es: »*... to boldly go where no man has gone before*« (etwa: um sich dorthin zu wagen, wo noch nie ein Mensch war).

5 Angeblich soll schon Kaiser Nero einen geschliffenen Smaragd als Operngucker verwendet haben.

einmal die philosophischen Konstrukte der Erkenntnistheoretiker heraufbeschwören. Denn was, wenn uns ein anderes Hilfsmittel – sagen wir, die Mathematik – einen neuen Planeten präsentiert?

So geschehen 1864 mit der aktuellen Nummer Acht, dem Neptun.

Hier müssen wir nochmals kurz ins 17. Jahrhundert zurückspringen, um die spannende Geschichte von vorn aufzurollen. Seit der Antike halten wir ja erst bei sechs Planeten, nämlich Merkur, Venus, Erde, Mars, Jupiter und Saturn. 1690 notierte nun der englische Hofastronom John Flamsteed die Beobachtung eines Fixsterns; er nannte ihn in seinem Katalog »34 Tauri«.[6] Das Objekt war schon vorher gesichtet worden, aber ohne Fernrohr ist es nur unter sehr günstigen Bedingungen auszumachen.

Um einen der Lichtpunkte dabei zu erwischen, dass er sich bewegt, bedarf es mehrerer Positionsbestimmungen, und die waren in diesem Fall nicht dokumentiert. Tatsächlich handelte es sich bei 34 Tauri um den Uranus. Dessen Identifizierung als Planet gelang erst dem Sohn eines deutschen Militärmusikers[7] – im Jahre 1781. Der Sprössling hat inzwischen als Entdecker zahlreicher Himmelsobjekte Eingang in die Geschichtsbücher gefunden, unter anderem sind ein Mondkrater[8] und ein Weltraumteleskop[9] nach ihm benannt. Die Rede ist von Wilhelm Herschel.

Oder auch Sir William Herschel, da reklamieren Deutschland und Großbritannien den Astronomen jeweils als Sohn ihrer Nationen für sich. Er war technisch gut ausgerüstet; dem sich nur langsam bewegenden Uranus kam er mit Hilfe eines Spiegelteleskops[10] auf die (man möge den Kalauer verzeihen) Schliche.

---

6 Nach dem Sternbild Stier (lat. *taurus*), wo er ihn sah.
7 Isaak Herschel, wegen eines Transkriptionsfehlers oft unter dem Vornamen »Issak« geführt
8 Position am Trabanten: 5,7° S / 2,13° W; nördlich des viel größeren Kraters *Ptolemaeus* ...
9 *Herschel Space Observatory* der ESA; 2009 gestartet, 2013 abgeschaltet.
10 Nein, es gibt keinen Unterschied zwischen Fernrohr und Teleskop. Letzteres ist bloß Griechisch: *teléo* = einen Weg zurücklegen, *skopéo* = sich umsehen.

Kapitel 6

Ein Problem bei Linsenfernrohren ist, dass ihrer maximalen Öffnungsweite – Apertur; vulgo Durchmesser – Grenzen gesetzt sind. Je mehr Strahlung man einfängt, desto fernere und/oder blassere Objekte werden erkennbar. So weit, so gut. Diesem Lichtsammelvermögen steht bei Linsen entgegen, dass sie mit zunehmender Größe immer dicker werden und entsprechend mehr von dem ganzen schönen Licht im Material auf der Strecke bleibt; dazu kommen die Schwierigkeiten bei Herstellung und Schliff solcher Glaskörper. Spiegelfernrohre arbeiten mit einem Trick: Vorn am Eingang sitzt überhaupt keine Linse,[11] sondern die Strahlen fallen erst einmal durch den ganzen Tubus – die Röhre – bis nach hinten. Dort werden sie von einem gekrümmten Spiegel gebündelt und auf einen viel kleineren zweiten zurückgeworfen (daher der Name Reflektor), ehe sie im weiteren Verlauf dieses sogenannten Strahlenganges zum Auge des Betrachters gelangen.

Je nach Bauweise sitzt das Okular – dort, wo man hineinschaut – dann hinten oder irgendwo an der Seite. Das Konstruktionsprinzip gilt genauso für die größten Observatorien, die wir haben. Das erwähnte ELT in Chile soll nach seiner Fertigstellung mit 39 Metern Apertur aufwarten, und das Subaru-Teleskop am Mauna Kea in Hawaii, mit dem Brown/Batygin den Planeten Neun aufzuspüren hoffen, hat immer noch gute acht Meter Hauptspiegeldurchmesser.[12] Freischwebende Linsen solcher Größe wären wegen ihrer temperaturbedingten Bewegungen und der Elastizität (»Durchhängen«, samt Veränderung des Fokus) kaum beherrschbar – wenn sie nicht sowieso gleich unter ihrem eigenen Gewicht in den Halterungen zersplittern.

Schon anno 1616, nur acht Jahre nach Lipperheys Linsentubus, hatte sich der Pater Nicolaus Zucchius in Italien ein erstes Spiegelfernrohr gebastelt. 1672 wurde es von seinem französischen Berufs-

---

11 Von den zahlreichen Sondervarianten jetzt einmal abgesehen.
12 Wo es um andere Wellenlängen als den für das Auge sichtbaren Bereich geht, ist noch mehr drin. Das größte Radioteleskop der Welt wurde 2019 in China in Betrieb genommen: Der Primärspiegel des FAST misst 520 Meter.

kollegen Laurent Cassegrain perfektioniert. Die Bauweise ist bis heute als Cassegrain-Teleskop bewährt und geschätzt.

Herschel seinerseits verstand sich – ein Jahrhundert später – auf die Kunst, den Spiegel perfekt zu polieren; man verwendete inzwischen Metall statt beschichteten Glases. Den Vielbegabten hatte der dreißigjährige Krieg nach England verschlagen, wo er als Organist im Kurort Bath das Orchester leitete, sich mit Mathematik befasste und immer öfter das Firmament studierte. Den Uranus ertappte er im April 1781 mit einem 15cm-Fernrohr bei seiner Bewegung, hielt ihn aber für einen Kometen.

Drei Monate später erkannte die Wissenschaft seinen Fund als Planeten an, und Herschel war schlagartig berühmt. Bald darauf bestimmte der österreichische Benediktinerpater[13] Placidus Fixlmillner präzise die Bahn des neuen, siebenten Mitgliedes in der Familie der großen Sonnentrabanten.[14] Der Weg war frei für die nächste Generation von Astronomen und eine noch viel spektakulärere Entdeckung.

Alexis Bouvard, ein Bauernbub aus Savoyen, hatte es – anscheinend unbehelligt von den blutigen Wirren der französischen Revolution – zum Direktor der Pariser Sternwarte gebracht. Er ging ganz in seinem Metier auf, erledigte die mathematische Arbeit für Laplaces Himmelsmechanik[15] (der damit berühmt wurde), entdeckte acht neue Kometen und berechnete sorgfältig die Bahnen der äußeren Planeten. Dabei fiel ihm auf, dass der Uranus hin und wieder ein bisschen aus der Reihe tanzte; die Beobachtungen zeigten ihn oft nicht dort, wo er eigentlich hätte sein müssen. Methodisch wie er war, zog

---

13 Die Häufung von Geistlichen in der Wissenschaft wird erklärlich, wenn man sich daran erinnert, wie nachdrücklich die Kirche ihr Monopol in Unterrichtsdingen zu wahren pflegte.

14 Nebenbei berechnete er vom prächtigen Stift Kremsmünster aus (die dortige Sternwarte hatte sein Onkel als Abt bauen lassen) die Entfernung Sonne-Erde auf 154,05 Millionen Kilometer; Abweichung vom heute gültigen Wert: 3%.

15 Pierre-Simon Laplace: *Mécanique céleste*, fünf Bände, erschienen um 1823.

Bouvard daraus den logischen Schluss, es müsse eben noch einen weiteren Planeten geben, der weiter draußen seine Bahn zog und die Nummer Sieben gravitativ beeinflusste.

Und beließ es offenbar dabei, was doch irgendwie erstaunlich ist. Vielleicht war er einfach zu selbstgenügsam, um eine große Sache daraus zu machen. Als der Savoyer 1843 verstarb,[16] fielen seine penibel ausgefüllten Tabellen einem Kollegen in die Hände, der ihre wissenschaftliche Bedeutung erkannte.

Es war Urbain Le Verrier, der anhand dieser Aufzeichnungen die Bahn des Unbekannten berechnete[17] und nachwies, dass die Störungen nicht von den bekannten Planeten herrühren konnten. 1846 präsentierte er seine Arbeit der Pariser Akademie.

Die ehrwürdige Gelehrtenschaft folgte seinem Vortrag mit Interesse und applaudierte höflich; man gratulierte ihm zu seiner schönen Beweisführung – und ging nach Hause. Wenn Le Verrier erwartet hatte, dass sich die Astronomen nun begeistert auf die Suche machen würden, wurde er ziemlich enttäuscht. Kein einziger französischer Himmelskundler fand es der Mühe wert, ernsthaft nach einem achten Planeten Ausschau zu halten.

Vor lauter Ärger wandte sich Le Verrier schließlich an einen Deutschen, der ihm unlängst seine vorzügliche Doktorarbeit zugeschickt hatte: den Sohn eines Pechhüttenbetreibers[18] namens Galle. Der Junior Johann Gottfried setzte sich noch am selben Abend (der Brief Le Verriers erreichte ihn am 23. September 1846) an den 22cm-Fraunhofer-Refraktor[19] der Berliner Sternwarte, wo er arbeitete … und fand den Himmelskörper binnen einer halben Stunde.

---

16 1970 wurde immerhin ein kleines Mondtal nach dem bescheidenen Gelehrten benannt.
17 Zur gleichen Zeit versuchte sich auch der junge John Couch Adams daran, aber die Berechnungen des englischen Astronomen waren wesentlich ungenauer.
18 In Teeröfen wurde Holz zu Pech gebrannt, das unter anderem zum Abdichten im Schiffbau Verwendung fand.
19 Im Unterschied zum Reflektor also ein Linsenfernrohr, das das einfallende Licht bricht: lat. *frangere* = brechen.

Ausgerechnete Planeten

Das Glück kam der Wissenschaft in diesem Augenblick insofern zu Hilfe, als die Bahnbestimmung eigentlich nicht korrekt war. Man sollte nie vergessen, dass Forscher vor der Erfindung des Taschenrechners – oder gar des Computers – auf mühselige Handarbeit angewiesen waren: eine Schreibfeder, ein Blatt Papier und eigenständige Gehirnleistung waren die Zutaten, um komplexe Formeln mit Variablen zu füllen und das Resultat festzuhalten.

An jenem Abend stimmte die errechnete Position zufällig bis auf ein Bogengrad[20] mit der tatsächlichen überein. Die Größe passte sowieso; und auch die Bewegungsrichtung, wie sich in der folgenden Nacht erwies. Das Objekt wurde nach dem römischen Meeresgott benannt. Galle war nobel genug, die Entdeckung des Neptun zeitlebens Le Verrier zuzuschreiben.

Unser Sonnensystem hatte ab sofort acht Planeten. In rascher Folge entdeckte man um die Mitte des 19. Jahrhunderts einen neuen Himmelskörper nach dem anderen, zumeist im Asteroidengürtel. Als die Zahl auf vierzehn angewachsen war, schlug der Gelehrte Alexander von Humboldt vor, neu zu definieren. Es wurde aufgeräumt, und alle Kleineren hießen künftig Planetoide oder Asteroiden.

Die Idee, Himmelskörper über die Bahnstörungen anderer Masseansammlungen »auszurechnen«, sollte Schule machen. Zunächst versuchte sich Le Verrier selbst ein weiteres Mal in dieser Kunst, indem er den Merkur unter die Lupe nahm.

Dass die Bahnellipse des Kleinen nicht an Ort und Stelle bleibt, sondern sich langsam um den einen Brennpunkt (die Sonne) dreht, war bekannt. Ebenso der Grund: der gravitative Einfluss seiner Nachbarn. Das ergaben schon die Himmelsmechanikgesetze Isaac Newtons. Le Verrier stellte jedoch fest, dass jene Drehung 5,74 Bogensekunden im Jahr betrug, obwohl der Ellipsenscheitel gemäß Newtons Gleichungen nur um 5,32 hätte vorrücken dürfen.

---

20 Ein Dreihundertsechzigstel des Gesichtskreises.

In geläufigerem Längenmaß ausgedrückt, ergab sich ein Unterschied von 29 Kilometern. Wenn man bedenkt, dass der äußerste Punkt 440 Millionen Kilometer zurücklegt, bis die Ellipse wieder so steht wie vorher, wäre ein wenig Nachsicht verständlich gewesen, aber die Astronomen nehmen es nun einmal gern genau.

Ihr Grundwerkzeug, die Mathematik, hat sich nämlich als derart effizient erwiesen, dass Leute wie der Astrophysiker Mario Livio sogar überzeugt sind, sie wäre ein dem Universum eingeschriebenes System, das wir bloß entdeckt, aber keineswegs erfunden hätten.[21] Eine hübsche Vorstellung, die uns das wohlige Gefühl vermittelt, an etwas Universellem, ja geradezu Göttlichen teilzuhaben. Warum es mit diesem Zauberwerkzeug allerdings nicht einmal möglich ist, die häufigste Form der Natur – den Kreis – exakt zu berechnen[22], harrt noch einer Erklärung.

Mag die Mathematik also auch nur eine weitere vom Menschen ersonnene Sprache sein, die ihm half, Äpfel und Birnen zu zählen (die Basis 10 unseres Dezimalsystems rührt schlicht daher, dass man an den zehn Fingern abzählte), wir können damit inzwischen Erstaunliches anstellen – eine Sonde weich auf dem Titan landen lassen, zum Beispiel. Und Le Verrier hatte recht, die Merkurbahn tut nicht das, was sie laut Formel tun sollte.

Er schloss daher auf die Existenz eines weiteren Planeten, der ganz innen um die Sonne kreise, und gab ihm den Namen Vulkan.[23] Damit lag er zur Abwechslung einmal falsch, denn so ein Himmelskörper konnte bis heute nicht aufgespürt werden. Völlig gestorben ist die Idee noch nicht, denn laut aktuellem Stand der Dinge könnte es dort einen spärlich besetzten »inneren Asteroidengürtel« geben. Seine hypothetischen Bestandteile heißen Vulkanoiden; sie zu beobachten wäre

---

[21] Sein 2010 auf Deutsch erschienenes Buch trägt den Titel: *Ist Gott ein Mathematiker? Warum das Buch der Natur in der Sprache der Mathematik geschrieben ist.*
[22] Die Formel für den Kreisumfang lautet $2 \cdot r \cdot \pi$ (r = Radius). Pi hat unendlich viele Dezimalstellen, ein exakter Wert lässt sich damit also nicht festlegen.
[23] Betonung auf der ersten Silbe; nach Vulcanus, dem römischen Gott des Feuers.

schwierig (da ist immer so ein helles Riesending in Blickrichtung), und eine Sonde, die sich näher an den Stern herantraut, ist jetzt erst gerade unterwegs: Die Parker Solar Probe hob 2018 ab und soll ihre Bestimmungsposition zu Weihnachten 2024 erreichen.

Einstweilen erklärt man sich den merkurschen Eiertanz mit Einsteins Interpretation der Anziehungskraft als Raumzeitkrümmung.

Gegen Ende des 19. Jahrhunderts – Le Verrier hatte bereits das Zeitliche gesegnet – registrierte man bei der Bahn des via Uranus berechneten Neptun seinerseits Störungen und postulierte prompt wieder einen neunten Planeten; diesmal am anderen Rand, also hinter allen bekannten.

Percival Lowell, Sohn einer der reichsten Familien Bostons,[24] hatte die Sternguckerei anfänglich zu seinem Hobby auserkoren – er konnte es sich ja leisten –, beschäftigte sich aber zunehmend ernsthaft mit der Materie. Besonders faszinierten ihn die vom Direktor der Mailänder Sternwarte, Giovanni Schiaparelli, 1877 entdeckten »Marskanäle«.

Der Italiener galt als der scharfäugigste Astronom seiner Zeit. Es sah so aus, als wären die größeren, dunkel oder hell hervortretenden Regionen auf der Marsoberfläche durch ein Netz von geraden Linien verbunden.

Es dauerte nicht lange, bis sich die Fantasie der Forscher und Journalisten daran entzündete. Wo kamen diese Kanäle her? Sie wirkten viel zu geometrisch, um natürlichen Ursprungs zu sein. Obendrein verfärbten sie sich je nach Jahreszeit. Wenn es also keine geologischen Landschaftsmerkmale waren, konnten sie nur von intelligenten Wesen angelegt worden sein: Auf dem Mars musste es eine Zivilisation geben, oder wenigstens gegeben haben.

Lowell ließ sich ein Observatorium bauen, bestückt mit einem mächtigen Spiegelteleskop, und fertigte Zeichnungen der marsianischen Infrastruktur an. Die Kanäle dienten, so seine Ansicht, zur

---

24 Boston: Hauptstadt des Bundesstaates Massachusetts, an der Ostküste der Vereinigten Staaten.

Bewässerung der trockenen Böden; die von hier aus wahrnehmbare Farbveränderung führte er auf Veränderungen der Vegetation entlang der Gräben zurück.

Kein Wunder, dass die Schlagzeilen der Tagespresse einander wieder einmal mit spekulativen Sensationsmeldungen zu überbieten suchten. Und die Legende hielt sich – der Topos von den Marsmännchen hat kaum an Faszination eingebüßt. Die Leute würden zwar heute nicht mehr scharenweise die Flucht ergreifen wie im Oktober 1938, als ein Hörspiel[25] im Radio für bare Münze genommen wurde (oder würden sie doch?), aber Filme wie die missglückte Hommage *Mars Attacks!*[26] oder *Der Marsianer – Rettet Mark Watney*[27] finden nach wie vor ein breites Publikum. Unlängst hat der umtriebige Tesla-Gründer Elon Musk versprochen, mit seinem Raumfahrtunternehmen SpaceX bis 2050 eine Million Menschen auf den Roten Planeten zu bringen und ihnen dort auch gleich eine passende Stadt zu bauen.

Wie dem auch sei, die Marskanäle von Schiaparelli und Lowell erwiesen sich später als optische Täuschung. Der Amerikaner ritt inzwischen ein neues Steckenpferd, jenen postulierten neunten Planeten hinter dem Neptun. Man nannte den Unbekannten einstweilen Planet X, und 1930 – vierzehn Jahre nach Lowells Tod – wurde er tatsächlich von dessen Sternwarte aus entdeckt: Es war der Pluto.

Für die Bahnstörungen von Neptun war er zwar nicht verantwortlich (wegen zu geringer Masse, wie wir gehört haben), aber das schmälert Clyde Tombaughs Entdeckung ebenso wenig wie die aktuelle Degradierung des Planeten-mit-Herz.

Die Bezeichnung »Planet X« wanderte prompt zum Nächsten, der nun seinerseits hinter der Plutobahn vermutet wurde. Jetzt stimmte der Buchstabe nebenbei mit der römischen Ziffer überein. Der stu-

---

25 Orson Welles, *War of the Worlds*, basierend auf einem Roman von H. G. Wells (erschienen 1898).
26 US 1996, Regie: Tim Burton.
27 *The Martian;* US 2015, Regie: Ridley Scott. Der Film kostete mehr als die Mission einer realen Sonde.

dierte Astronom Henry Lee Giclas verbrachte ab 1957 achtzehn Jahre damit, an Lowells Observatorium – das kontinuierlich mit neuesten Instrumenten aufgerüstet wurde – nach dem Zehnten zu suchen. Er blieb diesbezüglich erfolglos. 1978 entdeckten Kollegen von ihm den Plutomond Charon, aber ein »Transpluto«, wie das Objekt heute in Nachschlagewerken heißt, wurde nie gefunden.

Der geistige Vater von Planet Neun, Mr. Plutokiller Mike Brown, projiziert bei seinen Vorträgen zwecks Unterhaltung des Publikums gern ein bearbeitetes Filmplakat: *Planet 9 from Outer Space*. Den Film aus dem Jahr 1959 gibt es tatsächlich. Sein Titel lautet allerdings *Plan 9 from Outer Space*, ohne »et«, und ist im Übrigen sehenswert: Unter der Regie von Ed Wood[28] sucht z. B. Bela Lugosi als Ghul die Einwohner einer Kleinstadt heim, in der Außerirdische die Toten wiedererwecken.

Zur Krönung seines Scherzes ließ Brown den in der Mitte des Plakates erkennbaren Grabstein mit der Aufschrift »R.I.P. Pluto«[29] versehen. Das kam aber erst später, als sich der Forscher bereits einen Namen gemacht hatte. Denn 2003 wurde seine eigene Entdeckung eines gewissen Himmelsobjektes[30] noch unter »Planet Zehn« geführt.

Und es mussten viele weitere Jahre ins Land gehen, ehe er seinen Kollegen Batygin darauf ansetzte, die mögliche Bahn eines neuen, »wahren« Neunten aus den merkwürdigen Bahneigenschaften einiger Kuipergürtel-Asteroiden zu errechnen.

---

28 Edward Davies Wood jr. genießt als Regisseur unter Freunden des »Trash«-Kinos zu Recht Kultstatus. Deutscher Filmtitel: *Plan 9 aus dem Weltall*. Seit 1992 gibt es sogar ein Videospiel dazu.
29 Lat. *requiescat in pace* = er ruhe in Frieden.
30 Das Transneptunische Objekt (90377) Sedna.

KAPITEL 7
KUIPERGÜRTEL-AUSREISSER

Am 14. November 2003 entdeckten die Astronomen Mike Brown, Chad Trujillo und David Rabinowitz mit dem 1,2 Meter dicken Oschin-Schmidt-Teleskop des Mount Palomar Observatoriums[1] – auf 1700 Metern Seehöhe in den Bergen nahe San Diego gelegen – einen bislang unbekannten Himmelskörper.

Es folgten mehrere Kontrollen durch die Weltraumteleskope Spitzer und Hubble; der Fund konnte verifiziert werden. Vier Monate später wurde die Entdeckung veröffentlicht, und das neue Objekt mit der vorläufigen Bezeichnung 2003 VB12 erhielt die Kleinplanetennummer 90377.

»Planet«? Hier haben wir es wie üblich mit den oft irreführenden Relationen astronomischer Bezeichnungen zu tun. Unter »klein« versteht der gemeine Bürger etwas anderes als unter »zwergenhaft«. Die wissenschaftliche Nomenklatur will es aber, dass Zwergplaneten als Untergruppe die größten der Kleinplaneten (Planetoiden) darstellen: Erstere haben dank ihrer Masse bereits Kugelform angenommen, Letztere umfassen alles Mögliche, das um die Sonne kreist und kein Meteorid[2] (= noch kleiner) oder Komet (= sehr klein und aus Eis) ist.

---

[1] In Kalifornien, dem Heimatstaat der Eliteuniversität Caltech, an der Brown lehrt und die das Observatorium betreibt.
[2] Mit »d«, zur Erinnerung.

Kapitel 7

Ob das entdeckte Objekt die ebenso unscharfen Kriterien für einen richtigen Planeten erfüllt, ist noch ungeklärt, aber die Astronomenzunft winkt einstweilen ab. Immerhin durfte der Neuzugang getauft werden; er fungiert aktuell unter dem Namen Sedna.

Nachdem man die Bewegung der Eskimogöttin ein paar Wochen lang beobachtet hatte, stellte sich heraus, dass sie sich für eine Umrundung der Sonne nicht nur ausgesprochen lange Zeit lässt – um die zehntausend Jahre –, sondern auch einen gehörigen Respektabstand einhält: am Perihel 76, am Aphel satte 880 AE.

Eine astronomische Einheit sind 150 Millionen Kilometer, die Distanz Erde-Sonne, wissen wir. »Perihel« bezeichnet den sonnennächsten, »Aphel«[3] den sonnenfernsten Punkt. Aber die Werte sind auffallend. Sie bedeuten, dass sich Sedna den Kuipergürtel höchstens aus der Ferne ansieht und auf einer extrem langgezogenen Bahn in den Weiten herumstreift, die sich letztlich bis zur Oortschen Wolke erstrecken. Ganz dort draußen macht jeder, was er will; die neu Entdeckte hält sich mit 12 Grad Ebenenneigung immerhin noch einigermaßen an die Scheibe, in der die uns vertrauten Himmelskörper entstanden (Pluto reitet mit 17 Grad weiter aus). Als KBO – Kuipergürtelobjekt – konnten sie die Astronomen aber auch bei gutem Willen nicht bezeichnen, weshalb ihnen nur die vage Definition TNO / transneptunisches Objekt der »inneren« Oortschen Wolke überblieb.

Dass man sich deswegen überhaupt Gedanken machte, liegt an Sednas Masse. Für einen x-beliebigen Asteroiden, der halt irgendwie herumschwirrt, ist sie zu schwer. Weitere Sichtungen in der Gegend legten nahe, dass man in absehbarer Zeit noch mehr von der Sorte finden würde. Bezüglich der Klassifizierung redet man einstweilen von *detached* (»separaten«) TNOs, *extended-scattered* (»weit verstreuten«) oder *distant detached* (»fern freistehenden«) Objekten. Leider ist das Kürzel DDO – für *distant detached object* –, das Brown

---

3   Alles aus dem Griechischen: *perí* = um, *apó* = weg, *hélios* = Sonne.

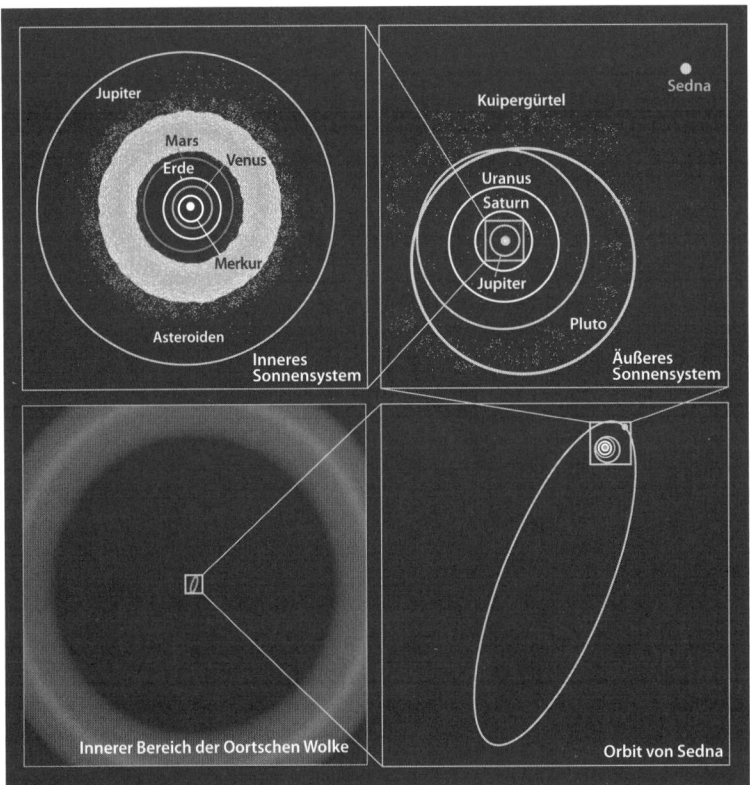

Abb. 5: Der Orbit von (90377) Sedna

präferiert, schon vergeben; man bezeichnet damit u.a. irreguläre Zwerggalaxien.

Solche Akronymdiskussionen könnten uns herzlich egal sein. Sie rühren aber an den wesentlichen Punkt, nämlich eine Gruppe von Himmelskörpern, deren seltsame Bahneigenschaften geradewegs zu Planet Neun führen.

Dem Aufspüren anscheinend neuer Objekte folgt regelmäßig eine Durchforstung bisheriger Firmamentaufnahmen, und oft findet es sich dann bereits in den alten Sternkarten oder den etwas jüngeren

»Daten«[4] – man hatte ihm nur bis dahin keine Aufmerksamkeit geschenkt. So auch bei Sedna; schon 1992 war sie einem Teleskop ins Visier geraten.

Nebenbei gesagt liegt hier eines der momentanen Hauptprobleme der Astronomie. Rund um die Uhr zeichnen hunderte Observatorien penibel alles auf, was ihnen vor die Linse kommt, aber kein Mensch lebt lange genug, um auch nur einen Bruchteil davon durchzusehen. Die vielbeschworene KI (»Künstliche Intelligenz« – sprich: Computerprogramme) ist hier so untauglich wie in den meisten anderen Fällen, weshalb man auf ein schon beim ägyptischen Pyramidenbau bekanntes Prinzip zurückgreift: viele, viele helfende Hände. Es wird Neudeutsch Citizen Science genannt und ist der Grund, warum theoretisch jeder Interessierte Planet Neun entdecken könnte. Dazu später mehr.

Mike Brown hätte sich nun auf den Lorbeeren ausruhen können, aber er ist nicht nur ein unterhaltsamer Redner, sondern auch ein engagierter Wissenschaftler.

Was nicht schwerfällt, wenn man das Privileg genießt, am Caltech arbeiten zu dürfen. Die Hochschule ist ein typisches Beispiel für eine US-amerikanische Eliteuniversität, deren Besuch man sich erst einmal leisten können muss – die Studiengebühr beträgt umgerechnet 27.000 Euro pro Jahr. Dafür kommen im Schnitt auf einen Professor drei (!) Studenten, und seit seiner Gründung vor 120 Jahren hat das Institut nicht weniger als 37 Nobelpreisträger hervorgebracht.[5] Lehrer und Schüler wandeln dort, im beschaulichen Städtchen Pasadena, unter der freundlichen Sonne Kaliforniens über einen gepflegt grünen Kampus mit plätschernden Springbrunnen oder gehen in einem der Art-déco-Gebäude ihrer Tätigkeit nach.

---

4 Das englische *data* (von lat. *datum* = das Gegebene) ist ein weit gespannter Begriff. »Daten« als Bezeichnung für beliebige Information setzt sich jetzt – wegen schlampiger Übersetzung – auch im Deutschen durch. Tatsächlich liegen Teleskopbeobachtungen heute fast ausschließlich in digitalisierter Form vor; wenn moderne Wissenschaftler von *data* reden, meinen sie aber oft auch ganz einfach Bilder oder Notizen.

5 Jeweils: Stand März 2020.

Nebenbei stehen im Keller der auf Naturwissenschaft spezialisierten Universität Hochleistungsrechner, die man als Professor zum Beispiel damit beschäftigen kann, jahrelang Sonnensysteme zu basteln. Das Institut betreibt Sternwarten wie das CSO auf Hawaii,[6] und am Hochschulgelände liegt das Jet Propulsion Laboratory der NASA. Wer eine wissenschaftlich relevante Entdeckung macht – was quasi regelmäßig vorkommt –, muss nur ein paar Türen weiter gehen, um mit einer anderen Kapazität darüber plaudern zu können.

Bei Brown klopfte schon bald eine Kollegin an, die noch so einen transneptunischen Ausreißer gefunden hatte. Das Objekt hatte zwar eine »nur« halb so exzentrische Bahn wie Sedna, entzog sich aber ebenfalls den bis dahin gebräuchlichen Schubladen. Der Fund sollte nicht der letzte bleiben, und irgendwann machten die Bahnlagen den Sedna-Entdecker stutzig.

Inzwischen sind fünfzehn sogenannte hochextreme transneptunische Objekte bekannt (eine Übersetzung des ähnlich unbeholfenen englischen Terminus). Von Sedna abgesehen tragen sie sperrige Kennzeichnungen wie *(523622) 2007 TG422* oder *2013 SY99/uo3l91*, weshalb wir sie hier einfach als Gruppe zitieren wollen.

Als Brown aufmerksam wurde, waren es erst fünf Stück. Aber wenn man ihre Orbits im Kontext mit der Umgebung abbildete, fiel einem Betrachter sofort etwas auf. Dahinter stehen Jahrmillionen menschlicher Evolution; das gleiche Prinzip, das uns in Holzmaserungen Gesichter erkennen und KI gnadenlos scheitern lässt. Die Ellipsen der Neuen fächerten sich als Bündel auf, als würden sie in annähernd die gleiche Richtung zielen, und die Bahnebenen schienen sich an einen gemeinsamen Horizont zu schmiegen: allesamt in unübersehbar ähnlicher Neigung gegen die Systemekliptik[7] – jener

---

6   Caltech-Submillimeter-Observatorium, Teil des Mauna-Kea-Observatoriums am Gipfel des gleichnamigen Vulkans; auch am Betrieb der Keck-Zwillingsteleskope dort ist Caltech beteiligt.

7   Rund 20°. Die acht Hauptplaneten bringen es im Schnitt auf +/-2,3°.

Kapitel 7

gedachten Scheibe, entlang derer die Planeten um die Sonne kreisen. Um Brown zu zitieren: »*That's when I thought something funny is going on here.*«

Also ging er nun seinerseits ein paar Türen weiter und suchte Konstantin Batygin auf, einen zwanzig Jahre jüngeren Russen, der auf die Verarbeitung astronomischer Daten spezialisiert ist. Batygin stellte seine Berechnungen an und erklärte rundweg, die einfachste Erklärung wäre ein noch unbekannter Planet, dessen gravitativer Einfluss die Objekte auf ihren Bahnen stabil hält.

An diesem Punkt wurde es heikel.

Wie die Geschichte lehrt, haben sich die meisten Wissenschaftler, die einen neuen Planeten postulierten, am Ende blamiert. Natürlich wäre es eine Sensation. Der Fund würde in die Geschichtsbücher eingehen, und künftige Schülergenerationen müssten ein neues Sprüchlein lernen. Welches, darüber lässt sich allerdings nicht einmal probehalber spekulieren, da Brown hier abergläubisch zu sein scheint: »*Name it, and you won't find it*« – wenn man dem Kind zu früh einen Namen gibt, verscherzt man es sich mit Fortuna und fällt auf die Nase wie Le Verrier mit seinem Vulkan.

Mit einer spektakulären Ankündigung Schlagzeilen zu machen, aber gleichzeitig die Reputation aufs Spiel setzen, wirkte reichlich riskant. Die beiden Forscher blicken trotz des Altersunterschiedes auf einige Gemeinsamkeiten in der jeweiligen Biographie zurück. Ihnen war die Physik sozusagen in die Wiege gelegt worden.

Michael E. Brown kam 1965 in Hunstville zur Welt. Das Städtchen im US-Bundesstaat Alabama trägt den Spitznamen *Rocket City*; hier befindet sich das Raketentestgelände *Marshall Space Flight Center* der NASA. Als kluges Kind aus hinreichend situiertem Bürgerhaus studierte Mike in Princeton[8] und machte 1990 seinen Doktor in Astronomie in Berkeley.[9] Er hat inzwischen unter anderem 29 Kleinplaneten

---

[8] Neben Yale und Harvard eine der altehrwürdigsten Universitäten Amerikas.
[9] Die kalifornische Universität ist für ihre naturwissenschaftliche Forschung weltberühmt.

(mit)entdeckt, erhielt 2012 für seine Kuipergürtelfunde den mit einer Million Dollar dotierten Kavli-Preis und so weiter. Mit dem Klischeebild eines verschrobenen Wissenschaftlers hat er, wenn man ihn sieht und hört, allenfalls die Brille gemeinsam.

Der 1986 geborene Konstantin Jurjewitsch Batygin entsprach optisch bis vor Kurzem schon eher der Vorstellung, die man sich – in diesem Fall – von einem modernen Physiker macht: Halskettchen zum heraushängenden Jeanshemd, die gefärbte Frisur hochgegelt. Was aber eher seinem Hobby als Rockmusiker geschuldet sein dürfte; zivil trägt auch er inzwischen Brille. Der Vater arbeitete als Physiker in Moskau mit Teilchenbeschleunigern, dann übersiedelte man nach Japan, wo Konstantin zur Schule ging und Kampfsport trainierte, bis die Familie nach Kalifornien weiterzog. 2008 gewann er einen Preis für seine Arbeit »Die dynamische Stabilität des Sonnensystems« und machte mit 26 Jahren seinen Doktor in Planetenwissenschaften am – genau – Caltech. 2015 setzte ihn das Forbes-Magazin auf seine Liste der dreißig »unter-30jährigen Wissenschaftler, die die Welt verändern werden«.

Bei der Frage hinsichtlich eines hypothetischen Planeten Neun war es nicht ein vermeintlicher jugendlicher Überschwang, der Batygin für »pro« votieren ließ, sondern seine fundierten Kenntnisse über die Dynamik von Himmelskörpern. Die Kalkulationen lieferten jene Erklärung schlicht als die mathematisch wahrscheinlichste aller möglichen Varianten.

Dass man derlei heute überhaupt berechnen kann, ist ausschließlich der Eselsgeduld von Computern zu verdanken. Unsere gepriesene Mathematik scheitert nämlich (wieder einmal), wenn es gilt, die rein gravitationsbedingten Bewegungen von mehr als zwei Körpern im Raum zu bestimmen. Es handelt sich um das sogenannte Dreikörperproblem: Wenn nicht einer davon vernachlässigbar klein bzw. leicht ist, kommt keine Formel mehr zu Hilfe, und man muss Punkt für Punkt numerisch (familiär gesagt: zu Fuß) ausrechnen.

Womit die Hochleistungsgeräte im Caltech-Keller ins Spiel kamen. Jahrelang fütterte Batygin sie mit immer neuen Ausgangsvarianten des

Kapitel 7

Sonnensystems und ließ sie in jedem Durchgang vier Milliarden Jahre Entwicklung simulieren. Wie sich herausstellen sollte, lag die Krux bei eben jener Grundannahme – der Bahn des Planeten Neun.

Brown erzählt dazu gern die nette Geschichte, wie er seine damals zehnjährige Tochter fragte, wo sie den unbekannten Himmelskörper positionieren würde. Man sieht ein halbes Dutzend Kleinplaneten, deren Orbits anscheinend aus der Haupteklipikebene heraus und in eine bestimmte Richtung gezogen werden. Die logische Antwort des Mädchens lautete: außen herum. Der fragliche Massekörper musste sie umkreisen wie ein Schäferhund seine Herde. Der Zug seiner Gravitation hielt sie auf ihren unkonventionellen Bahnen und sorgte bis in die Gegenwart dafür, dass sie nicht in alle Himmelsrichtungen davonliefen.

Im Nachhinein ist es immer leicht, gescheiter zu sein. Man könnte hier zum Beispiel auf die Schäfermonde (ja, die heißen wirklich so) in den Saturnringen verweisen:

Schon im 17. Jahrhundert war mit den eben neu erlangten Fernrohren zu sehen, dass der pittoreske Reifen des Riesenplaneten Lücken aufwies; die bekannteste davon ist die heute so genannte Cassinische Teilung.[10] Größere Objekte im Reigen sorgen mit ihrer Anziehungskraft scheinbar paradoxerweise dafür, dass die direkte Umgebung ihrer Orbits gesäubert bleibt. Bei der Annäherung zweier Brocken im All ist es aufgrund der Relativgeschwindigkeit eben wahrscheinlicher, dass ihrem gravitativen Rendezvous ein Auseinanderstreben – in deutlich größerem Winkel – folgt als ein Zusammenprall.

So weit, so gut, das würde ja zur geforderten Schäferhundfunktion des Planeten Neun passen. Nur: Die Kleinmonde des Saturn halten nichts zusammen. Der Effekt, dass sich die dazwischenliegenden Klumpen und Staubkörner zu dichteren Spuren vereinigen, liegt an

---

10 Giovanni Domenico Cassini, 1625-1712, italienischer Astronom in französischen Diensten. Auch jene Raumsonde, die 2004 den Lander Huygens über Titan absetzte (das berühmte Video) ist nach ihm benannt.

der Symmetrie des Ringelspiels. Sämtliche Teilnehmer halten sich mit minimalen Abweichungen an dieselbe Ebene, und ihre Bahnen sind schon fast penibel konzentrisch. Ihr sturer Kurs lässt wenig Raum für Abweichungen.

Nichts davon trifft auf die Gruppe der extremistischen TNOs zu. Ihre Orbits differieren in der Länge[11] um ein Vielfaches, die Bahnebenen sind – bei aller optischer Eintracht – doch ein wenig gegeneinander geneigt, und bloß ein einziger hypothetischer Aufpasser ist da, der sie im Pferch zwischen sich und dem Zentralstern halten soll.

Auf den Graphiken sind die Bahnen von Himmelsobjekten meist als durchgehende Linien dargestellt. Das ist informativ, kann jedoch beim unschuldigen Betrachter einen Eindruck von Kontinuität erwecken, der in der Realität nicht existiert. Wenn etwa Sedna 10.000 Jahre für einen Umlauf braucht, heißt das, sie schaut nur recht selten an ein und demselben Punkt vorbei. Und das gilt für alle Beteiligten in diesem Szenario. Ja, die Gravitation wirkt unendlich weit, aber sie schwankt auch im Quadrat zur Distanz. Je nach dem, wann Hund und Herdenmitglieder einander zufällig in Sonnennähe nahekommen, dürfte sich eher der Effekt einstellen, dass die Schäfchen dann auseinanderstieben.

Batygin und Brown gingen jedenfalls methodisch vor. Sie spulten die Zeit um vier Milliarden Jahre zurück, installierten die Bahn des gedachten Planeten und bevölkerten das Sonnensystem mit abertausenden wahllos verteilten Objekten, wie es sie zu jener Zeit gegeben haben muss.

In der bei Vorträgen gezeigten Animation sieht das anfangs entsprechend wirr aus. Da verdeckt eine kugelförmige Wolke aus blau eingefärbten Trümmern das System fast völlig, nur links lugt die rote Bahn von Planet Neun hervor. Es folgt: Schnellvorlauf. Die Kugel beginnt zu pulsieren und zu wabern; binnen überraschend kurzer Zeit fliegen die meisten blauen Punkte raus, es wird allmählich übersichtlicher. Nun

---

11 Distanz der Hauptscheitelpunkte ihrer Ellipsen.

lassen sich erstmals einzelne blaue Ellipsen beobachten, die zwar nervös auf und ab zucken, aber bestehen bleiben ... leider selten auf Dauer.

Wenn sich der Zeitfilm dann unserer Gegenwart nähert, sind fast alle blauen Probeobjekte verschwunden. Fast alle. Ein knappes halbes Dutzend hat sich stabilisiert und gehorcht offensichtlich dem gravitativen Diktat der roten Ellipse. Ende der Animation.

Damit könnte man sich als Vortragender mit quod erat demonstrandum[12] vor dem Publikum verneigen und den wohlverdienten Applaus entgegennehmen. Die Sache hat bloß einen Schönheitsfehler: Die Bahnen der Verbliebenen liegen nur in Sonnennähe noch knapp innerhalb des Reviers von Planet Neun und ragen fast exakt in die Gegenrichtung.

Der Hund hatte die Herde davongejagt, oder, mit den Worten der beiden Physiker: »*We were completely wrong.*«

Allerdings so »völlig falsch«, dass sich die Sache einrenken ließ, indem man einfach den Schäferorbit um 180 Grad drehte, also seine Ellipse um den inneren Brennpunkt (die Sonne). Ein paar Gigawattstunden Stromverbrauch der Caltech-Computer später tanzten die Probanden mehr oder weniger genau dort, wo sich heute die fraglichen TNOs herumtreiben. Na also!

Es wäre aber nicht die Wissenschaft, hätte sich da nicht prompt die nächste lästige Kleinigkeit eingeschlichen. Die Rechnermodelle postulierten, dass im Zuge dieser ganzen Abläufe noch eine weitere Gruppe der blauen Trümmer überlebte. Der gravitative Tanz hatte ihre Bahnen senkrecht gekippt, sie schnitten die Hauptekliptik jetzt im 90°-Winkel; wo alles mehr oder weniger links/rechts um den Zentralstern rotierte, kamen und gingen sie von oben nach unten.

Was bedeutete, dass aus unserem Sonnensystem lotrechte »Schmetterlingsflügel« herausragen müssten, butterfly wings, wie Brown das nennt. Passender wäre die Bezeichnung »Flossen« für die Orbits jener Objekte. So oder so: Es gibt sie nicht.

---

12 Lat. was zu beweisen war.

Jedenfalls schien es sie nicht zu geben (von außen ist das System bekanntlich noch nie fotografiert worden). Bis die zwei Forscher nach Daten über Asteroiden suchten, welche die Neptunbahn schnitten, also quasi in seine Ellipse einfädelten. Die hatte man bis dahin bewusst ausgespart; Brown: »Ich dachte, Neptun würde alles verderben.«

Und siehe da: Hier waren sie, die benötigten Flossen. Auf Anhieb fanden sich fünf kleine Brocken, um die sich nie jemand sonderlich gekümmert hatte, und sie beschrieben lotrechte Ellipsen. »Da fielen uns die Kinnladen runter.«[13] Nun endlich ergaben die tausenden Varianten durchgespielter Simulationen einen Sinn.

Ein Grundfehler war gewesen, so logisch zu denken wie das kluge zehnjährige Mädchen. Die Anziehungskraft heißt zwar zu Recht so, wie sie heißt, wirkt sich aber im dreidimensionalen Zusammenspiel mehrerer Beteiligter offensichtlich ganz anders aus, als man das unter Zuhilfenahme des gesunden Hausverstandes vermuten sollte. Der Schäfer »zieht« letztlich nicht an Orbits, ganz im Gegenteil.

Die Verbliebenen in den Computermodellen wiesen eine bemerkenswerte Eigenschaft auf: Ihre Bahnen standen in Resonanz[14] zu jener von Planet Neun. Nur so hatten sie sich überhaupt halten können, weil sie immer dann um die Sonne Schwung holten, wenn der Wachhund gerade weit weg war. Das Nämliche gilt übrigens für Pluto: Ohne die 2:3-Resonanz hätte ihn Neptun, dessen Kurs er kreuzt, längst hinausbefördert.

Brown und Batygin fanden, die Zeit wäre jetzt reif, das Risiko einzugehen und einen neuen Planeten anzukündigen. Jahrelang hatten ihnen Studenten und Kollegen dabei zugesehen und zugehört, wie sie einander schon am Gang die jeweils neuesten Inspirationen an den Kopf warfen (»Nein!« – »Ja!« – »Das ist die dümmste Idee, die ich

---

13 »*That's when our jaws hit the floor*« (Brown).
14 Ganzzahliges Umlaufverhältnis, siehe Kapitel 3.

Kapitel 7

je gehört habe!«),[15] ehe sie sich wieder zu stundenlangen Beratungen zurückzogen. Inzwischen stimmten die Berechnungen so gut mit den Fakten überein, dass man die Theorie seriös präsentieren konnte.

Ein bisschen genauer würden es Zuhörer aber noch wissen wollen: Wie sollte dieser Planet denn aussehen, und wo war er?

---

15 »*We had a lot of fun*« (Brown).

KAPITEL 8

DAS PHANTOM

Die ganze Idee war, soviel muss hier fairerweise angemerkt werden, keineswegs neu. Bereits 2012 hatte der brasilianische Wissenschaftler Rodney Gomes vom Observatório Nacional in Rio de Janeiro auf einer Tagung der American Astronomical Society erklärt, es dürfte da draußen einen weiteren Planeten geben.

Nach sechs Jahren Forschung und der Auswertung von 92 Objekten im Kuipergürtel war er zu dem Schluss gelangt, dass die Bahnen einer ganz bestimmten Gruppe nur dann einen Sinn ergeben, wenn die Gravitation eines noch unentdeckten Himmelskörpers mit im Spiel ist. Er schätzte dessen Größe auf vier Erddurchmesser – was in etwa dem Neptun entspricht – und die Entfernung auf bis zu 1500 AE, also ca. 225 Milliarden Kilometer. Alternativ war seiner Ansicht nach auch ein bloß marsgroßes Objekt denkbar, das sich auf einer stark elliptischen Bahn bewegt, die es regelmäßig bis auf 50 AE heranbringt.

Solche scheinbaren Kapriolen sind übrigens durchaus vertraut. Die um den Jupiter kreisenden Hilda-Asteroiden kurven nahe an die Sonne heran und besuchen den Orbit des Gasriesen immer nur dann, wenn er gerade auf der anderen Seite ist, wobei sie ein rotierendes Dreiecksmuster in den Himmel zeichnen.

Die Gelehrtenschaft in US-Amerika nahm Gomes' Ausführungen wohlwollend zur Kenntnis und ging zur Tagesordnung über (was uns irgendwie bekannt vorkommt); nicht zuletzt, weil seine Berech-

Kapitel 8

nungen keinerlei Hinweis auf die aktuelle Position des Störenfrieds[1] zuließen.

Wie man noch sehen wird, kannte Brown die Überlegungen des Kollegen sehr genau – und verfolgte das weitere Geschehen.

2014 gingen zwei Hawaiianer in die Offensive. Die Astronomen Chad Trujillo und Scott Sheppard waren keine Neulinge, nach jedem von ihnen wurde bereits ein Asteroid benannt.[2] Sie schlossen sich der Gomes-Voraussage an und postulierten einen Planeten, deutlich größer als die Erde, in einer weit abgelegenen Umlaufbahn.

Im gleichen Jahr erklärte das spanische Brüderpaar Carlos und Raúl de la Fuente Marcos von der Universidad Complutense de Madrid, dass sich das Verhalten der von Gomes herangezogenen Gruppe weder mit einer zufälligen Übereinstimmung noch mit dem »*Streetlight Effect*« begründen lässt; sie plädierten auf eine Kozai-Resonanz.

Kurze Pause. Was ist damit nun wieder gemeint?

Nun, der Straßenlampeneffekt lässt sich am besten mit einem alten jiddischen Witz erläutern:

Ein nächtlicher Passant sieht auf dem Heimweg einen Mann, der auf allen Vieren im Lichtkreis einer Laterne auf dem Gehsteig herumkriecht. »Haben Sie etwas verloren?« – »Ja, meinen Hausschlüssel!« Gemeinsam suchen sie vergeblich den Boden ab. »Sind Sie sicher, dass sie ihn hier verloren haben?« – »Nein, dort drüben.« – »Ja aber wieso suchen Sie dann hier?« – »Na, dort drüben ist es doch stockfinster!«

Im Forschungszusammenhang ist damit gemeint, dass man versucht ist, sich bei Studien auf den Umkreis bereits bekannter Gebiete zu konzentrieren und allfällige Fragen ebendort klären möchte, weil rundherum zu wenig Information vorhanden ist. Soll heißen: Die TNOs der Gruppe fallen so ins Auge, dass der Grund für ihr Verhalten fälschlicherweise in ihrer Nähe gesucht wird.

---

1 · Im Artikel von Brown und Batygin wird Planet Neun stets nur *perturber* genannt.
2 · (12101) Trujillo und (17898) Scottsheppard.

Unter Kozai-Resonanz[3] wiederum versteht man eine regelmäßige Bahnstörung, wie sie zum Beispiel durch einen dritten gravitativen Mitspieler innerhalb eines Zweikörpersystems hervorgerufen werden kann.

Im Jahr darauf kam Jacques Laskar vom Observatoire de Paris zu einem ähnlichen Schluss wie Gomes, wenn auch aus völlig anderer Ursache. Der Franzose befasst sich mit der Himmelsmechanik im Sonnensystem, und er hatte gerade die Daten der Saturn-Raumsonde Cassini ausgewertet (ja genau, eben jene, die den Lander Huygens am Titan absetzte). Nach Laskars Ansicht ließ sich daraus auf die Existenz eines neunten Planeten schließen. Er grenzte sogar den Suchbereich ein, bemühte sich aber vergeblich um einen Weiterbetrieb von Cassini.

Das war der Stand der Dinge, als Brown und Batygin 2016 an die Öffentlichkeit gingen.

Sie waren gewarnt. Sie mussten methodisch bis ins Detail vorgehen, um sich im Kreise der argwöhnischen Wissenschaftlergemeinde mehr als nur Gehör zu verschaffen.

Soweit es die Gestalt des Neuen betraf, war klar, dass er Kugelform aufweisen musste. Die Gruppe der extremen Objekte, die er auf Kurs hält, beherbergt TNOs wie Sedna, deren Größe sie als Zwergplanetenkandidatin qualifiziert. Nur ein deutlich massereicherer Himmelskörper kann die Kuipergürtel-Ausreißer auf ihre Bahnen gezwungen haben, weshalb sich bei ihm längst das hydrostatische Gleichgewicht eingestellt hatte.

Rund war er also sicher, aber wie schwer?

An dieser Stelle eine kurze Begriffsklärung. Ausdrücke wie Masse, Größe oder Gewicht rufen beim Leser vielleicht ähnliche Assoziationen hervor; sie werden auch in einschlägigen Publikationen immer wieder wie Kraut und Rüben durcheinandergeworfen, sind aber mit Vorsicht zu genießen. Die »Größe« ist klar: Sie beschreibt das räum-

---

3   Auch Kozai-Lidow-Effekt genannt. Beschrieben wurde er 1962 zeitgleich von dem Japaner Yoshihide Kozai und dem Russen Michail Lidow.

Kapitel 8

liche Volumen (und ergibt bei kugelförmigen Objekten den Durchmesser).

Das »Gewicht« ist kein wissenschaftlicher Parameter, schließlich kann man einen Planeten oder einen Stern ja nicht nachwiegen. Der Einfachheit halber ist von Gewicht die Rede, um auszudrücken, was eine Waage anzeigen würde, befände sich die Messanordnung auf der Erde[4]. Gemeint ist damit die Masse, jene Eigenschaft von Materie, welche unter anderem für Trägheit und Gravitation verantwortlich zeichnet. Als Beispiel für den Unterschied: Ein Schiffsanker ist unter Wasser deutlich »leichter« als an Deck; um ihn horizontal wegzustoßen, braucht man aber genauso viel Kraft wie oben.[5]

Hinsichtlich der Größe hat man sich in der Astronomie, wie erwähnt, auf eine recht bodenständige Grenze geeinigt, die den »Rand« markiert. Wenn man so lustige Ideen wie einen lichtbrechenden Sauerstoffozean (siehe alte Pluto-Theorien) beiseite lässt, bleibt im Allgemeinen schlicht das, was man – i.e. das menschliche Auge – aus hinreichender Distanz wahrnimmt.

Bei Planet Neun ist die Masse der ausschlaggebende Faktor, da er nur anhand seines gravitativen Einflusses berechnet wurde; der Umfang ist hier ziemlich egal.

Als die zwei Wissenschaftler ihre Theorie publizierten, gingen sie von zehn Erdmassen aus. Eine Erdmasse entspricht rund 6×10^{24} Kilogramm oder sechs Trilliarden Tonnen (wer immer sich darunter etwas vorstellen kann); die Einheit wird unter dem Kürzel $M_{\oplus}$ oder M_E gerne zur Beschreibung von Planeten aller Art verwendet.

Dass sie damals just auf zehn Erdmassen verfielen, liegt nicht nur an der schön runden Zahl. Zum einen ließen ihre Computersimulationen einen gewissen Spielraum zu. Zum anderen war das Aufspüren von Exoplaneten stark in Mode gekommen; in den letzten drei Jahrzehnten hat man in gut 3000 Sternsystemen über 4000 Planeten

---

[4] Auf Meereshöhe, um genau zu sein.
[5] Die Reibung jeweils außer Acht gelassen.

gefunden. Dabei stellte sich unter anderem heraus, dass Objekte mit ungefähr zehn Erdmassen im Universum offenbar die bei weitem häufigsten Vertreter der Spezies Planet sind.

Hierorts scheint da eine Lücke zu klaffen: Nach der Erde kommt gleich der Uranus mit knapp 15 M_E. Stimmt etwas mit unserem System nicht? Schön, als Gelber Zwerg repräsentiert die Sonne nicht unbedingt den Trend – Rote Zwerge sind in der Mehrheit –, aber besonders ausgefallen ist sie deswegen noch nicht. Es lag also nahe, dem scheinbar fehlenden Mitglied durchschnittliche Eigenschaften zu attestieren.

2019 haben Brown/Batygin ihre Prognose auf 6 M_E korrigiert (+/-1), weil das eher dem lokalen Mittelwert entspricht, genauer gesagt dem Durchschnitt der hiesigen Lücke.

Allerdings wissen sie jetzt umso weniger, wonach man Ausschau halten soll. Planeten mit dieser Masse kreisen in anderen Systemen sehr viel enger um ihren Stern, fallen also unter die Kategorie »heiß«. Planet Neun ist weit draußen, also »kalt«. Er könnte daher sowohl im Gewande eines Neptun daherkommen – groß, und dazu hell wie der Jupitermond Ganymed[6] – als auch kleiner und dunkel. Sein vermuteter Entstehungsbereich deutet auf eine Gas/Eis-Zusammensetzung hin, aber hier nähert man sich als Wissenschaftler schon ein wenig der Kunst des Kaffeesatzlesens. Spekulationen über Gestalt und Aussehen von Planet Neun weicht Brown gern mit der ernsthaft vorgebrachten Antwort aus: »Es könnte auch ein riesiger Hamburger[7] sein.«

Was die reine Größe betrifft, ist häufig von einem zwei- bis vierfachen Erdumfang die Rede. Die beiden Astronomen haben Besseres zu tun, als sich auf solche Details festzulegen. Bei ihren Modellen kommt es ausschließlich auf die Masse an. Ohne den Forschern hier etwas unterstellen zu wollen: Der effektive Durchmesser scheint sie

---

6 Dessen Eiskruste reflektiert das Licht sehr gut.
7 Als US-Amerikaner bezieht er sich dabei ausschließlich auf die Schnellrestaurantnahrung.

Kapitel 8

nicht hinlänglich zu interessieren, um diesbezüglich ausgefeilte Theorien aufzustellen.

Ganz im Gegensatz zu den zahlreichen Privatleuten, die in der virtuellen Gegenwelt des WWW Kanäle betreiben, um den interessierten Laien mit wissenschaftlichen Neuigkeiten zu versorgen. Dort kennt man sein Publikum, und zweifellos: Was wäre spannender als die Vorstellung von einem noch unerforschten Himmelskörper, auf dem erstmals ein Mensch seine Schuhabdrücke hinterlässt, wie Kirk und Spock[8] es jahrzehntelang vorgemacht haben?

So kann man beispielsweise erfahren, dass das Betreten dieser »Supererde« nur mit Exoskeletten möglich ist, also einer von Servomotoren angetriebenen Stützkonstruktion für die Gliedmaßen. Die Idee dahinter: Die Gravitation dort wäre zu hoch für den menschlichen Körperbau. Was natürlich Unsinn ist; auf der Oberfläche eines festen Himmelskörpers mit gut vier Erdmassen und dem Umfang eines Uranus (was beides im Bereich des Möglichen liegt) entspräche die Anziehungskraft exakt der hiesigen. Ganz abgesehen davon, dass es dort oben womöglich gar keine feste Kruste gibt, auf der man spazierengehen könnte ...

Zurück zu seriösen Angaben.

Hinsichtlich der Entfernung unterscheidet er sich von den anderen Extremisten in seinem Perihel. Er reitet zwar ungefähr so weit aus wie Sedna oder 2007 TG422 (in der Gegenrichtung), hält aber selbst am nächsten Punkt einen gehörigen Respektabstand zur Sonne. Der Aphel wird auf 400 AE geschätzt, und die maximale Annäherung auf 80 AE – auch relativ zur Erde, bei solchen Distanzen sind 150 Millionen Kilometer auf oder ab vernachlässigbar. Damit bleibt er selbst im besten Falle noch doppelt so weit vom Zentralstern entfernt wie Pluto.

Planet Neun ist eine finstere Welt, jedenfalls für unsere Begriffe. Die Milchstraße und sonstige Sterne leuchten ihm so prächtig wie

---

[8] Nein, die beiden Namen werden jetzt nicht erläutert.

allen anderen, aber kein Mond erhellt seine Nächte,[9] und die Sonne ist bloß der glänzendste Lichtpunkt am weiten Firmament.

Dafür fällt – ein weiterer, maßgeblicher Unterschied – die Exzentrizität des fernen Erdkollegen deutlich geringer aus als bei seinen verstreuten Schäfchen. Die Objekte jener Gruppe beschreiben stark langgezogene Bahnen; der Kurs von Planet Neun gleicht eher einem Vogelei.

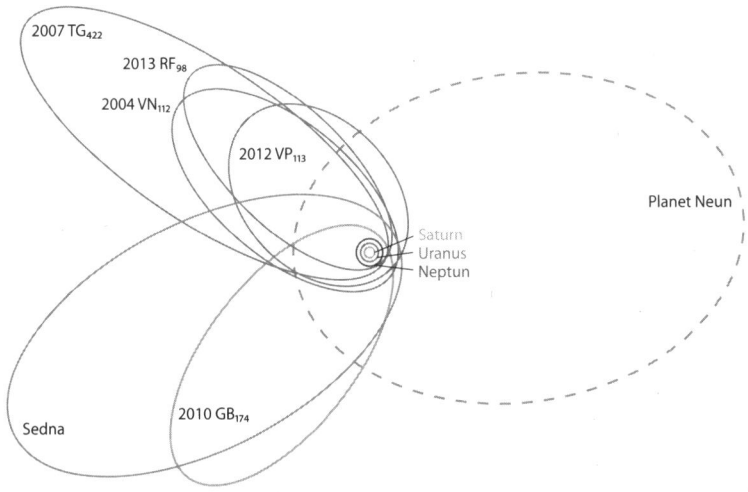

Abb. 6: Der Orbit von Planet Neun

Zur Definition: Ein Kreis ist geometrisch gesehen ja bloß eine Ellipse, deren Brennpunkte zusammenfallen, also deckungsgleich sind; ein Spezialfall, sozusagen. Die Kurvenexzentrizität wird in der Astronomie von Null aufwärts definiert (Symbol: e), wobei nur Werte zwi-

---

9 Doch, er hat wahrscheinlich einen Mond. Vielleicht auch mehrere. Nur dass die von keinem Himmelskörper hinreichend beleuchtet werden, um dessen Strahlen merklich zu reflektieren.

schen 0 und 1 eine geschlossene Bahn ergeben: 0 ist ein Kreis, und 1 gerade noch eine Ellipse; alles darüber sind Parabeln oder Hyperbeln, auf deren Kurs ein Objekt nie wieder zurückkommt.

Ein Blick auf die Gruppe zeigt, dass TG422 mit gut 0,9 e schon hart an der Grenze kreist, und selbst VP113 bringt es mit seinem vergleichsweise rundlich wirkenden Kurs noch auf knapp 0,7. Die neue Nummer Neun orbitiert mit $0,2^{10}$ – und reiht sich damit in die Schar der bekannten ein; Merkurs Bahn hat den nämlichen Wert. (Pluto: 0,25.)

Bliebe noch die Frage der Umlaufzeit offen. Batygin/Brown geben sie mit »ungefähr 10.000« Erdjahren an. Die Simulationen lassen auch hier einige Abweichungen zu, aber wenn man 14 der 15 hochextremen TNOs hernimmt, ergibt sich dort ein Durchschnitt von 11.000 Jahren. Bei einzelner Betrachtung sieht man zudem, dass sich die Mehrheit in einem annähernd ganzzahligen Verhältnis dazu bewegt (selbst der fünfzehnte, FE72, der mit seinen 101.000 Jahren den Schnitt verderben würde).

Solche Überlegungen sehen nach akademischer Zahlenklauberei aus. Einleuchtend wird die Sache, wenn man sich in Erinnerung ruft, dass die theoretisch Verbleibenden im Computermodell alle in Bahnresonanz zu Planet Neun stehen: Hier hätten wir die Bedeutung eines ganzzahligen Verhältnisses. Zum Zeitpunkt der Veröffentlichung hatten die zwei Forscher im Übrigen nur mit sechs Extremisten (buchstäblich) gerechnet; dass sich die folgenden weitgehend einreihen, spricht deutlich für das Modell.

Nun, bei so vielen überzeugenden Hinweisen scheint alles geklärt zu sein. Also: Wo ist er – jetzt und heute, damit wir ihn endlich ins Visier der Teleskope bekommen?

Er mag ja viel zu weit weg sein, als dass man ihn mit bloßem Auge erspähen könnte, aber schließlich haben wir weltweit an den Observatorien nicht weniger als 164 Fernrohre mit eineinhalb bis über

---

10 Brown, auf Nachfrage: »0,1 bis 0,3«.

zehn Metern Durchmesser, die das Firmament auf allen möglichen Wellenlängen vom Infrarot bis zum Gammabereich rund um die Uhr im Blick halten. Wenn es möglich ist, tausende Planeten in Systemen aufzuspüren, die teilweise so weit weg sind, dass das Licht von dort zu einer Zeit auf die Reise ging, als unsere steinzeitlichen Vorfahren noch Höhlenbilder malten – was ist so schwer daran, im eigenen Hinterhof ein Ding mit 30.000[11] Kilometern Durchmesser zu finden?

Die paradoxe Antwort lautet: Eines der Probleme ist just, dass der Planet so nahe liegt.

Bei fremden Sternen befinden wir uns in der vergleichsweise komfortablen Position eines (räumlich) außenstehenden Beobachters. Er braucht bloß den hellen Punkt im Visier zu behalten, um mit allerlei Tricks – von denen wir später noch hören werden – herauszubekommen, wo sich dort die Begleiter herumtreiben.

Im eigenen System kann der Gesuchte überall sein, wohin man schaut. Einfach quasi auf Weitwinkel zu stellen, nützt aus mehreren Gründen nichts. Zum einen »strahlt« der Planet nicht, weder aus eigener Kraft (er ist ja kein Stern)[12], noch reflektiert er bei dieser Distanz besonders viel Sonnenlicht. Zum anderen ist er, bei allem respektablen Umfang, von hier aus gesehen so klein, dass selbst die besten Instrumente näher herangehen müssen, um ihn vom Hintergrund unterscheiden und bei einer Bewegung erwischen zu können.

Es bleibt also nichts übrig, als mit ausreichendem Zoomfaktor den ganzen Himmel Stück für Stück mit dem so verbleibenden Ausschnitt abzusuchen. Wobei wir direkt beim großen Kummer aller Astronomen landen – der begrenzten Verfügbarkeit passender Instrumente.

Die 164 leistungsstärksten Fernrohre sind bei den Heerscharen neugieriger Wissenschaftler rund um den Globus so umkämpft wie eine Audienz beim Papst. Jeder hat ein hochinteressantes Studien-

---

11 Grob geschätzter Mittelwert.
12 Fantasievolle Hypothesen beiseite.

Kapitel 8

objekt, das dringendst genau untersucht werden muss, und jedes Projekt benötigt zudem die Rechenleistung der an die Empfangseinheiten[13] angeschlossenen Computersysteme. Die Betreiber von Observatorien müssen permanent entscheiden, wem sie wie lange Zugriff gewähren; das gefürchtete Stichwort lautet »Teleskopzeit«.

Die wird inzwischen auf Jahre hinaus vermietet, selbst wenn der Apparat – wie das ELT in Chile oder das TMT auf Hawaii – noch nicht einmal fertiggebaut ist. Der einsame Gelehrte in seiner Dachstube steht sowieso längst auf verlorenem Posten, auf dem Sektor balgen sich die renommiertesten und zahlungskräftigsten Institutionen.

Brown und Batygin hatten hier eine bessere Startposition als ihre Kollegen, die die Vorarbeit leisteten, denn das gut betuchte Caltech fungiert gleich bei mehreren der umschwärmten Sternwarten als Eigentümer oder Mitbetreiber. Die Geschäftsführer der Universität müssen jedoch abwägen; es geht neben den Erfolgschancen genauso um die Prestigeträchtigkeit einer Studie, und der Spielraum zwischen bereits bestehenden Mietverträgen ist begrenzt.

Dazu kommt, dass sich beispielsweise die Keck-Zwillingsteleskope hier nicht eignen, weil sie auf kleine Himmelsausschnitte spezialisiert sind. Im Dickicht des Machbaren landeten unsere beiden Forscher letztlich bei einem der anderen Südseefernrohre: dem Subaru-Teleskop.

Es steht am Mauna Kea gleich neben den Caltech-Zwillingen und ging 1999 in Betrieb. Auftraggeber für den Bau war die japanische Regierung. Es scheint tatsächlich keine Konzernverbindung zur Automarke zu geben; »Subaru« ist der japanische Name für die Plejaden, die sich als Sternhaufen für die Benennung eins Teleskops fraglos anbieten.[14]

---

[13] Die menschliche Netzhaut hat hier längst ausgedient.
[14] Das Emblem der Automarke zeigt übrigens genau diese Konstellation; was den meisten Käufern ebenso unbekannt wie gleichgültig sein dürfte.

Das Gerät wartet mit einem über acht Meter großen Hauptspiegel auf, der bei 20cm Dicke 23 Tonnen wiegt. Seine Glasbeschichtung ist die Spezialanfertigung einer US-Firma. Er wurde in Einzelteilen auf den Gipfel des 4200 Meter hohen Vulkans transportiert, wo man die sechseckigen Segmente dann an Ort und Stelle zusammenfügte.

Vom Typ her ist der Japaner ein sogenanntes Ritchey-Chrétien-Cassegrain-Teleskop. Was sich für den Normalverbraucher erheblich pompöser anhört, als es ist. Der prinzipielle Unterschied zwischen Linsen- und Spiegelfernrohren wurde schon angesprochen; hier ein paar Details.

Das im frühen 17. Jahrhundert von Monsieur Cassegrain entworfene System funktioniert so, dass die einfallenden Strahlen zunächst vom Hauptspiegel – auch Primärspiegel genannt – reflektiert werden. Der ist gekrümmt und schickt sie gebündelt zu einem viel kleineren zweiten (sprich: Fang- oder Sekundär-) Spiegel zurück, welcher die nun quasi konzentrierte Ausbeute an das Okular weiterleitet.

Dass diese letzte kleine Röhre oft im rechten Winkel angebracht ist, hat bloß praktische Gründe: Wer das Firmament über seinem Kopf betrachten will, müsste sich sonst auf den Rücken legen oder sich den Hals verrenken. Im Okular jedenfalls sitzen die Vergrößerungslinsen, ohne die auch ein Reflektor nicht auskommt – aber sie fallen eben sehr viel kleiner aus. Scharfgestellt wird wie gehabt durch Längsverschiebung.

Da stellt sich automatisch die Frage: Ist denn der Zweitspiegel nicht im Weg? Ja, ist er offensichtlich. Aber dank der Krümmung des ersten wird auch alles erfasst, was sich in gerader Linie befindet.[15] Es bleibt »nur« der Lichtverlust, der unterm Strich einer Verkleinerung der Öffnungsweite gleichkommt – Stichwort Obstruktion.[16]

---

15 Er schaut ja drumherum, sozusagen.
16 Lat. *obstruere* = versperren (hier: die Sicht).

Da der Sekundärspiegel leider nicht fliegen kann, muss ihn irgendwas in der Mitte fixieren. Das kann eine dünne Glasplatte[17] sein. Die hat den Vorteil, dass kein Staub ins Innere gelangt, ist aber bei meterdicken Röhren aus den bekannten Gründen unpraktikabel, weshalb dort Stahlseile zum Einsatz kommen. Bei handelsüblichen Billigteleskopen sind diese Stege (»Spinne« genannt)[18] oft schlicht aus Plastik.

Man kann natürlich auch den kleinen Zweitspiegel um 45 Grad kippen. Dann spart man sich das Loch im empfindlichen Hauptreflektor, und das Okular sitzt weit vorn an der Seitenwand – so machte es Newton anno 1668; die Bauweise ist bis heute populär. Herschel kippte hundert Jahre später stattdessen den Primärspiegel – geht genauso. Vorteil: Man braucht keinen zweiten Spiegel; dafür muss man das Rohr ziemlich weit aufschlitzen. Oder man baut, wie der schottische Ingenieur James Nasmyth im 19. Jhd., zwischen Haupt- und Fangspiegel noch einen dritten ein, der das Bild seitlich aus dem Gehäuse leitet. Jede Umlenkung bedeutet aber auch einen Qualitätsverlust[19] ... letztlich müssen Größe und Einsatzzweck die geeignete Konstruktion bestimmen.

1721 verbesserten die Gebrüder Hadley das optische Ergebnis, indem sie die Spiegel nicht sphärisch (als Kugelsegment) formten, sondern parabolisch. Anfang des 20. Jahrhunderts setzen die Astronomen George Willis Ritchey und Henri Chrétien noch eins drauf und schliffen hyperbolisch – womit wir bei der Bauart des Subaru-Observatoriums angelangt wären.

Dort brauchte man sich um verrenkte Halswirbel keine Sorgen zu machen, denn kein Mensch bekommt das Beobachtete mehr di-

---

17 Sie kann auch wie beim Schmidt-Teleskop zur Erweiterung des Sichtfeldes als Linse geschliffen werden.
18 Der Strebenschatten löst sich im Bild auf; ähnlich wie ein dicht vor der Kamera befindlicher Maschendrahtzaun am Foto verschwimmt, sobald man auf ein weit entferntes Motiv scharfstellt.
19 Was auch für einen Zenitspiegel (Umlenkspiegel) vor dem Okular gilt.

rekt zu Gesicht. Am Okular tun auswechselbare Sensoranordnungen (Empfänger) ihren Dienst, jeweils zuständig für bestimmte Wellenlängen im Infrarot- und sichtbaren Bereich; dazu kommen Spektrographen, welche auch gleich die Frequenzen analysieren. Das Ergebnis ist komplett digitalisiert – der Begriff »Daten« hat hier seine volle Berechtigung.

Für den unvermeidlichen Nachteil aller Teleskope, die nicht im Weltraum schweben, greift das Subaru wie die meisten seiner Art auf eine in den 1970ern entwickelte Technik namens adaptive Optik zurück.

Es geht um das romantische Blinzeln der Sterne. Hervorgerufen wird es von der Erdatmosphäre: Wärmere und kältere Luftschichten wabern durcheinander und lassen die Lichtpunkte zittern. Da Sterne bekanntlich nicht herumhüpfen, lässt sich das Störungsmuster in den Wellenfronten recht einfach analysieren. Womit man noch nichts gewonnen hat, zumal es sich ununterbrochen verändert. Der Trick besteht darin, den Spiegel im Gegentakt zittern zu lassen, ihn also ständig zu verformen. Die Umsetzung wurde erst dank der Entwicklung von Computern möglich, die große Datenmengen in Echtzeit verarbeiten können.

Nun gut, aber wenn man ein Spiegel wie ein Tuch walkt, zerbricht er, oder? Nein, nicht wenn die Deformierung in Relation zu seiner Größe gering genug ausfällt. Auch Glas ist elastisch. Und so finden sich im Rücken des Subaru-Reflektors 261 kleine Servomotoren (sogenannte Aktuatoren), die den ihnen zugeteilten Bereich um winzigste Abschnitte vor und zurück schieben. Die Oberfläche kräuselt sich permanent und nahezu unmerklich im Rhythmus der Atmosphärenturbulenzen; das Ergebnis ist ein ruhiges Eingangsbild für die Sensoren.

Der große Nachteil dabei ist der halbdurchlässige Strahlteiler, weil er einen Teil des Lichtes in den Regelkreis schickt und somit weniger Helligkeit bis zur Kamera gelangt. Beim Subaru macht man es eleganter. Entlang der (sowieso vom Sekundärspiegel verdeckten)

Hauptachse wird ein Laserstrahl projiziert, der quasi einen künstlichen Stern in den Himmel malt. Das Zittern dieses Lichtpunktes in der Atmosphäre liefert einer – ebenfalls hinter den Zweitspiegel geduckten – Empfangseinheit die nötigen Informationen.

Mit den Filter- und Streueffekten von Staub und Luftfeuchtigkeit müssen sie am Mauna Kea leben. Den Kollegen im All haben erdstationäre Teleskope den machbaren Durchmesser voraus – wirklich große Spiegel passen in keine Rakete.[20]

Was Brown und Batygin vor allem begeistert, ist die Flexibilität des Observatoriums. Man kann einzelne Komponenten austauschen, Drittspiegel installieren und/oder Empfänger an allen möglichen Stellen des Strahlenganges montieren. Zum Beispiel an Stelle des Fangspiegels. Eine Kamera, die dort sitzt, bekommt das gesamte Sichtfeld serviert. Auf die Art lassen sich weite Himmelsabschnitte erfassen – genau das, was die Suche nach Planet Neun erfordert; das Lichtsammelvermögen des Hauptspiegels sollte ausreichen, um den Gesuchten selbst dann unterscheiden zu können, wenn er »klein und dunkel« ist.

2015 war mit dem Fernrohr übrigens schon der Planetoid TG387[21] aufgespürt worden – eines der bewussten transneptunischen Objekte am Rande des Kuipergürtels.

Als zweites Standbein haben sich die beiden Astronomen die auf der Nachbarinsel Maui gelegenen[22] Pan-STARRS-Teleskope ausgesucht. Noch so ein Eiland, das man für gewöhnlich eher mit Blumenkränzen, Palmenstränden und freundlich hüftschwingenden

---

20 Beim James-Webb-Weltraumteleskop (JWST, geplanter Start 2021) hat man sich deswegen einen Trick einfallen lassen: Es wird zusammengefaltet nach oben verfrachtet und breitet erst am Einsatzort seinen segmentierten Reflektor aus. Der bringt es immerhin auf 6,5 Meter.

21 Veröffentlicht wurde der Fund erst drei Jahre später. Das »TG« steht für *The Goblin* (»der Kobold«).

22 Nein, nicht auf Hawaii, wie meist zu lesen ist. Maui gehört zwar zum Bundesstaat Hawaii, das Observatorium befindet sich aber nicht auf der gleichnamigen Insel, sondern allenfalls *in* Hawaii.

Das Phantom

Maiden assoziiert ... lassen sich's die Caltech-Wissenschaftler gutgehen? Das wissen wir nicht, aber den argwöhnisch Schmunzelnden dürfte es überraschen, zu hören, dass sich dort mehrere der wichtigsten Observatorien befinden.

Auf Hawaii stehen allein zwölf Teleskope mit Durchmessern von 2 bis 25 Metern, betrieben von sieben Nationen, und es ist ein Stützpunkt des VLBA[23] – eines Netzes von zehn über die Nordhalbkugel verteilten Antennen, die zusammengeschaltet ein virtuelles Radioteleskop mit 8000 Kilometern Öffnungsweite ergeben. Auf Maui tummeln sich eine ganze Reihe von Fernrohren, die zumeist vom US-Militär bedient werden; aber auch das Smithsonian Institute[24] ist dort am Werk, und die NSF[25] unterhält auf der Insel das größte Solarteleskop der Welt.

Dass die USA hier militärische Lauscher-Vorposten installiert haben, leuchtet ein. Hinzu kommt jedoch, dass sich die Lage für Weltraumbeobachtung jeder Art anbietet; die Inseln ragen steil bis in große Höhe auf, Luft- und Lichtverschmutzung[26] sind minimal. Nach hawaiianischen Astronomen und Instituten sind inzwischen diverse Himmelskörper benannt, und am Pan-STARRS in Maui wurde 2017 das erste interstellare Objekt innerhalb unseres Sonnensystems entdeckt – der Asteroid[27] 'Oumuamua. Wegen seines offenbar zigarrenförmigen Umrisses spekulierte man damals allen Ernstes, ob es sich nicht um ein außerirdisches Raumschiff handelt (ein Medienspektakel, das sich beim zweiten Besucher, dem Kometen Borisov,[28] 2019 wiederholte).

---

23 »*Very Long Baseline Array*« (erneut eine fantasievolle Namensgebung).
24 Eine US-Bildungseinrichtung, die vor allem Museen betreibt.
25 *National Science Foundation*, eine für Wissenschaft zuständige US-Behörde.
26 Streulicht, das z.B. von großen Städten ausgeht und von Dunst/Staub in der Atmosphäre reflektiert wird.
27 Oder Komet, da streiten die Gelehrten noch.
28 Entdeckt von einem Wartungstechniker auf der Krim (am Sternberg-Institut für Astronomie), mit einem selbstgebastelten Fernrohr.

Was Brown und Batygin auf diese zweite Südseesternwarte aufmerksam machte, ist ihr mit drei Grad ungewöhnlich großes Sichtfeld. So als Zahl hört sich das nach reichlich wenig an. 360 Grad wären das volle Rundumpanorama, ungefähr 140 Grad erfasst ein durchschnittlicher Erwachsener. Weltraumteleskope sollen aber weit entfernte Dinge unter die Lupe nehmen, und je mehr man das empfangene Bild vergrößern muss, um Details betrachten zu können, desto schlechter wird das Ergebnis. Die Optik gerät an die Grenzen ihrer Kontrastmöglichkeiten, und die Sensoren fangen an, grob zu verpixeln. Nimmt man hinzu, dass sich schon gute Ferngläser auf fünf bis zehn Grad konzentrieren, liefert das Pan-STARRS für seinen Typ einen geradezu opulenten Weitwinkel; beim Subaru-Teleskop verbleiben selbst dann, wenn man die Kamera am Primärfokus montiert, kaum 0,9 Grad.

Sicher, die zwei verfügbaren Maui-Fernrohre – ebenfalls vom Typ Ritchey-Chrétien – haben jeweils bloß 1,8 Meter Apertur vorzuweisen. Am Okular sitzt jedoch die derzeit leistungsfähigste Digitalkamera aus menschlicher Produktion. Sie bringt es auf 1,4 Gigapixel; die Hyper Suprime Cam[29] des Subaru muss sich mit 870 Megapixeln bescheiden.

Unsere beiden Astronomen setzen beim Pan-STARRS anscheinend weniger auf laufende Beobachtungen als auf die ungesichteten Informationswüsten: Anfang 2019 gab das Observatorium 1,6 Petabyte[30] heraus, die größte je veröffentlichte Datenmenge. Wenn Planet Neun »groß und hell« ist, könnte er sich dort lokalisieren lassen.

Als Stecknadel im Heuhaufen. Nehmen wir die vermuteten Parameter einer Entfernung zwischen 80 und 400 AE sowie 10.000 Jahre Umlaufzeit. Dann ist er relativ zur Sonne auf seiner Bahn mit (sehr grober Durchschnittswert) 25.000 km/h unterwegs. Zwanzigfache Schallgeschwindigkeit! Das klingt beeindruckend. Die Erde ist al-

---

29 Gerätehersteller sind bei der Namensgebung deutlich großzügiger als Astronomen.
30 Mega ≙ Million, Giga ≙ Milliarde, Tera ≙ Billion, Peta ≙ Billiarde; bei jedem Schritt kommen drei Nullen dazu.

lerdings vier Mal so schnell. Egal: Auf – zum Beispiel – 50cm breit reproduzierten Bildern einer 3-Grad-Optik verschiebt sich der Gesuchte pro Stunde unter den genannten Voraussetzungen um einen Millimeter ... hier dürfte bei der Arbeit buddhistische Geduld gefragt sein.

Dieses ganze Herumstochern im Nebel hat die leidige Ursache, dass sich nicht sagen lässt, wo Planet Neun denn jetzt, zu diesem Zeitpunkt, gerade sein müsste. Nachdem sich Le Verrier anno 1846 den Neptun ausgerechnet hatte, brauchte Johann Galle bloß eine halbe Stunde, um ihn zu finden. Seit der Ankündigung des Neuen sind schon bald fünf Jahre ins Land gezogen. Was, bitte, haben unsere modernen Wissenschaftler mit ihren Riesenteleskopen und Hochleistungscomputern für ein Problem?

So und ähnlich lauten die Fragen, die Brown und Batygin regelmäßig gestellt werden. Die Antwort ist recht einfach. Der französische Astronom ging von den Bahndaten des Uranus aus. Der braucht gut achtzig Jahre für eine Sonnenumrundung, und so geduldig war Le Verrier verständlicherweise nicht. Er griff auf frühere Beobachtungen zurück und konnte dadurch Punkt für Punkt die zeitlichen Abweichungen des Eisriesen entlang seines Orbits eruieren. In Summe ergab sich ein Muster, das Kurs und Aufenthaltsort des Unbekannten anzeigte.

Bei Planet Neun bilden eine Handvoll eben erst aufgespürter Objekte die Grundlage für alle Berechnungen. Und die haben die ärgerliche Angewohnheit, sich im Schnitt für eine Runde ähnlich viel Zeit zu lassen wie der Gesuchte; kein Wunder, bei den Bahnlängen. Ältere Aufzeichnungen gibt es nicht, weil wir erst seit Kurzem über Instrumente verfügen, die derart blasse Himmelskörper überhaupt ausmachen können. Browns Antwort: »Geben Sie mir 10.000 Jahre Zeit, und ich sage Ihnen genau, wo Planet Neun ist.«

Ganz so hoffnungslos ist die Sache zum Glück nicht. Im Laufe der vergangenen Jahre konnte der Bereich am Firmament immer weiter eingegrenzt werden.

Kapitel 8

Abb. 7: Der Himmelsausschnitt, in dem sich Planet Neun derzeit befinden müsste

Mitte links sind – waagrecht angeordnet – die drei Sterne Alnitak, Alnilam und Mintaka (ζ, ε und δ Orionis) zu erkennen, die im Sternbild Orion den Gürtel des Jägers darstellen.

Die zugrundeliegende Geschichte aus der griechischen Mythologie ist spannend genug, um kurz erwähnt zu werden. Orion war ein gewaltiger Jäger von riesenhaftem Körperbau und göttlicher Abkunft. Über seine Väter gehen die Meinungen auseinander; die Version des Römers Hyginus, dass Poseidon, Zeus und ein dritter Gott[31] ihre Samen in einem Beutel aus Stierhaut mischten, zeugt von der Fantasie des Autors. Orion geriet mit Artemis, der Göttin der Jagd aneinander und zog den Kürzeren. Immerhin wurde er – sichtlich – an den Himmel versetzt. Ebenso wie die Plejaden, die sich deshalb dort oben be-

---

31 Der gewitzte Götterbote Hermes oder der Kriegsgott Ares.

finden, weil Orion diese jungfräulichen Begleiterinnen der Artemis verfolgt hatte, bis sie in Tauben[32] verwandelt wurden

Der markierte Himmelsabschnitt, in dem Planet Neun aller Wahrscheinlichkeit nach derzeit zu finden ist, umfasst den rechten Rand des Jäger-Sternbildes und reicht darüber hinaus bis zum Taurus (Stier). Der hellste Punkt im Viereck ist der Aldebaran. Den Namen haben ihm die Araber gegeben (*ad-Dabarān* = der Folgende), weil er den Plejaden – der Gruppe rechts vom Ausschnitt, eine Spur höher als der Gürtel – zu folgen scheint.

Voilà. Man könnte Planet Neun auf dem Bild allerdings nicht einmal dann identifizieren, wenn ihn die Teleskope bereits aufgespürt hätten – er wäre bei weitem zu blass.

Beim Stichwort Teleskop mag sich der eine oder andere gefragt haben, weshalb die Planetenjäger nicht das VLBA anzapfen, wo sie doch schon auf den hawaiianischen Inseln zugange sind. Die größte Schüssel auf dem Mauna Kea ist eine Antenne mit 25 Metern Durchmesser, die mit neun anderen auf der Nordhalbkugel verstreuten Empfängern[33] eine virtuelle Apertur von annähernd zwei Dritteln des Erddurchmessers ergibt. Die Brennweite wäre einstellbar, also – ?

Tatsächlich arbeitet die »Sehr-lange-Grundlinie-Anordnung« wie ein gigantischer, wenn auch höchst lückenhafter Hauptspiegel. Die empfangenen Signale werden via Interferometrie kombiniert; diese Messmethode beruht auf der Auswertung von Wellenüberlagerungen (Interferenzen). Grob gesagt werden beim VLBA die Daten der einzelnen Stationen miteinander verglichen, wobei der jeweilige Standort in die Rechnung mit eingeht – sowohl, was seine relative Entfernung zu den anderen betrifft, als auch seine Lage in einer dreidimensionalen Matrix (Achtung, Erdkrümmung).

Damit sowas funktioniert, müssen die einzelnen Aufzeichnungen zeitlich penibel zuordenbar sein; als Referenz dienen Atomuhren. Um

---

32 Griech. *péleia* = Taube.
33 Sämtliche Positionen befinden sich auf rechtlichem USA-Territorium.

Kapitel 8

etwaige spätere Übertragungsfehler auszuschließen, werden die Daten nicht per Funk oder Internet verschickt, sondern auf Festplatten gespeichert, welche hernach höchst physisch zum Auswertungszentrum gelangen – es geht doch nichts über die greifbare Realität.

Keine Frage, der US-amerikanische 85-Millonen-Dollar-Spähposten (plus zehn Millionen jährlich für den Betrieb) hat enormes Potential. Aber auch zwei Schönheitsfehler. Zum einen ist er auf Radiofrequenzen spezialisiert, und Planet Neun dürfte auf diesem Band kaum nennenswert strahlen. Zum anderen ist die gigantische Anlage zwar seit 1993 in Betrieb, hat jedoch bisher erstaunlich wenige Funde von wissenschaftlicher Relevanz vorzuweisen.

Aus welchen Gründen auch immer. Brown und Batygin setzen jedenfalls auf das Subaru und das Pan-STARRS; sie wissen wohl, warum.

KAPITEL 9
WIE MAN PLANETEN AUFSPÜRT

Dumme Frage – indem man durch ein Fernrohr schaut.

Diese Antwort wäre nun zweifellos naheliegend. Es sagt einem ja schon der gesunde Menschenverstand, dass man sich neue Himmelsobjekte im stillen Kämmerlein zwar in beliebiger Form und Anzahl ausdenken kann, den Nachweis aber erst einmal erbringen muss. Und der besteht darin, das Teleskop auf einen Abschnitt im Firmament zu richten und dort einen Punkt herzuzeigen. Oder?

Wenn wir die fantasievollen Winkelzüge der Teilchenphysiker und die philosophischen Abgründe der Erkenntnistheoretiker einmal beiseitelassen, gilt diese Vorgabe. Sagen wir, im Prinzip. Jedenfalls, soweit es die Astronomie betrifft. Das entscheidende Adjektiv lautet hier *confirmed*, also »bestätigt«.

Die akzeptierte Form einer solchen Bestätigung ändert sich zwangsläufig mit der Verfügbarkeit technischer Hilfsmittel respektive ihrer Verbesserung. Schon Tycho de Brahe hatte unter anderem die stete Überprüfung der Methodik gefordert, um Erkenntnisse nachvollziehbar zu machen. Ein Grundpfeiler moderner Wissenschaft ist außerdem die Wiederholbarkeit eines Experimentes oder Nachweises. Wer etwas als bewiesen erklärt haben will, muss die Vorgehensweise so darlegen, dass sein Exempel unter den nämlichen Voraussetzungen jederzeit nachvollzogen werden kann. Bei einem vermeintlich aufgespürten astronomischen Objekt läuft die Sache heute so ab, dass mehrere andere Observatorien den Fund bestätigen, quasi: »Ich hab hingeschaut und das Ding auch gesehen.«

Man hat sich, wie gesagt, inzwischen daran gewöhnt, den Begriff »Sehen« zudem auf Frequenzbereiche auszudehnen, welche dem menschlichen Auge entzogen sind. Der erste Exoplanet wurde 2004 von der ESO[1] verkündet und zwei Jahre später bestätigt, als das altgediente Hubble-Weltraumteleskop den Kandidaten ebenfalls in den Fokus bekam: einen Begleiter des 170 Lichtjahre entfernten Braunen Zwergs 2M1207 im Sternbild Zentaur. Die Beobachtungen fanden auf Infrarot-Wellenlängen statt.

2008 wurde die erste Aufnahme einer fremden Welt im sogenannt sichtbaren Bereich veröffentlicht. Es handelte sich um ältere Hubble-Bilder. Sie zeigen Dagon, einen Planeten, der den »nur« 25 Lichtjahre entfernten Stern Fomalhaut im Sternbild Südlicher Fisch umkreist.

Den Funden – es folgen seitdem in längeren Abständen der eine und andere – ist gemeinsam, dass diese Himmelskörper mindestens so groß sind wie unser Jupiter, also gewaltige Brocken. Beim Rest stößt die Leistungsfähigkeit optischer Apparaturen schlicht an ihre Grenzen, auch wenn sie technisch immer weiter verbessert werden.

Weshalb sich die Wissenschaftler die astrometrische Methode einfallen ließen.

Astrometrie ist – im Gegensatz zur Astrophysik – der rein geometrische Ableger der Astronomie. Es geht dabei um schlichte Himmelsmechanik: Wie bewegt sich Objekt A unter dem Einfluss von Objekt B, oder alle bei Anwesenheit eines Objektes C, und so weiter. Seit der Mitte des kürzlich vergangenen Jahrhunderts wird so nach Exoplaneten gesucht, aber zunächst hatte man damit wenig Glück; kein einziger Fund konnte bestätigt werden. Das dürfte sich dieser Tage ändern. Seit 2014 ist die ESA-Raumsonde Gaia[2] dabei, den ge-

---

1 *European Southern Observatory*, die europäische Südsternwarte in Chile.
2 Benannt nach der griechischen Urmutter, der personifizierten Erde. Uranus (der Himmel) zeugte mit ihr die Titanen, das älteste Göttergeschlecht.

samten Himmel wie ein geduldiger Scanner abzutasten. Sie erfasst dabei sämtliche Objekte mit einer Magnitude (scheinbaren Helligkeit) von 3 bis 20.[3] Am Ende soll daraus eine dreidimensionale Karte des Universums entstehen, die in ihrer Genauigkeit alles bisher Dagewesene in den Schatten stellt.

Sozusagen als Kollateralnutzen dürften sich dabei jede Menge neuer Planeten finden. Ob auch unser eigener Neunter dabei ins Netz geht, hängt ein wenig vom Zufall ab. Mit einer vermuteten Magnitude von 19 bis 24 könnte er sich gerade noch im Erfassungsbereich befinden. Da bisher auch mit dem Wide-Field Infrared Survey Explorer – dem weiter oben erwähnten Weltraumteleskop, das ab 2010 den Himmel im Infrarotbereich durchmusterte – nichts gefunden wurde, nimmt man an, dass er sich derzeit (ein dehnbarer Begriff, bei 10.000 Jahren Umlaufdauer) an einem sonnenfernen Bahnpunkt aufhält. Wenn er obendrein in der Sichtachse gerade vor der Milchstraße[4] vorbeizieht, wird es schwierig, ihn in dem Gewimmel von Sternen auszumachen ... nun ja, es heißt nicht umsonst per aspera ad astra.[5]

Zur Mehrung der Datenmassen steuert auch TESS bei, ein NASA-Teleskop, das gezielt nach Exoplaneten sucht. Es wurde im April 2018 in die Umlaufbahn geschossen. Im November 2019 erklärten ein paar Forscher,[6] dass dieser Transiting Exoplanet Survey Satellite durchaus in der Lage ist, Planet Neun zu erfassen. Dann müsste man ihn bloß noch identifizieren. Zur Probe ließen sie nach Mitgliedern der extremistischen Gruppe suchen. Siehe da: Es fanden sich neben Sedna auch noch zwei weitere TNOs, darunter der nur 230 Kilometer große 2015 BM518.

Um auf die Verfahrensweisen zurückzukommen: Ähnlich wie bei der Astrometrie setzt man auch bei der Radialgeschwindigkeits-

---

3   Je höher der Wert, desto dunkler das Objekt.
4   D.h. dem von hier aus sichtbaren Band, in Blickrichtung zum »Rest« unserer Galaxisscheibe.
5   Lat. wörtlich: »über das Rauhe zu den Sternen«, sinngemäß: Ohne Fleiß kein Preis.
6   Matthew Holman und Matthew Payne vom Harvard Smithsonian Center for Astrophysics und András Pál von der Eötvös-Loránd-Universität Budapest.

methode auf die wechselseitige gravitative Beeinflussung einander umkreisender Objekte. So, wie die Sonne »eiert«, weil (vor allem) Jupiter an ihr zerrt, schwanken auch alle anderen Sterne, um welche Trabanten ihre Bahn ziehen. Also so gut wie alle; ausgenommen z. B. jene der Population III, weil es zu deren Lebzeiten noch keine schweren Elemente gab, die Planeten hätten bilden können.

Was hat man nun davon, wenn ein Stern wackelt?

Das kommt darauf an, ob man das Planetensystem seitlich oder von oben betrachten kann. Im letzteren Fall – d. h. Sicht von »Norden« oder »Süden« her – muss man nur die Newtonsche Mechanik hernehmen: Aus den seitlichen Abweichungen des Sterns lässt sich sauber die Masse des ihn umkreisenden Objektes berechnen.[7]

Die Systeme haben statistisch gesehen allerdings selten die Freundlichkeit, sich exakt entlang unserer Sichtachse anzuordnen (zur Variante »genau von der Seite« kommen wir weiter unten). Der Planet – mangels hinreichender Eigenstrahlung für unsere Instrumente unsichtbar – kreist also meistens irgendwie, von oben nach unten, von links nach rechts, in beliebiger Richtungskombination.

Der Ansatzpunkt ist für den findigen Astronomen, dass sich auch die relativen Vor- und Zurückbewegungen des Sterns analysieren lassen. Der Dopplereffekt führt dabei nämlich zu einer leichten Verschiebung des Lichtspektrums: Richtung Rot, wenn er sich entfernt, Richtung Blau, wenn er sich nähert.

Beschrieben wurde das Phänomen 1842 von dem österreichischen Physiker Christian Doppler. Er versuchte damals vergeblich, die Astronomenzunft davon zu überzeugen, dass genau deswegen bei Binärsternen – einander eng umkreisenden Sonnen – Farbveränderungen feststellbar waren. Dabei lag es auf der Hand; jeder kennt den Effekt von der Schallausbreitung her.

---

[7] Die entsprechenden Rückschlüsse sind allerdings nur dann exakt, wenn lediglich *ein* Planet den Stern umkreist. Erfahrungsgemäß weisen Systeme jedoch mehrere Begleiter auf, die allesamt in unterschiedlichsten Richtungen am Zentralgestirn ziehen; dann wird es ein wenig schwierig, die einzelnen Einflüsse auseinanderzuhalten.

Das übliche Beispiel seit dem Siegeszug des Automobils: Wenn sich ein Wagen nähert, klingt sein Motorgeräusch höher. Sowie er vorbeigefahren ist, wird der Klang tiefer (detto als Alternative die Sirene eines Einsatzwagens). Was schlicht daran liegt, dass die von einem Punkt ausgesandten Wellen »gestaucht« werden, wenn sie bei einem zweiten sich relativ[8] nähernden Punkt ankommen, und vice versa.

Mathematisch gesehen: Wenn jemand in die Hände klatscht und dabei näherkommt, braucht der Schall immer weniger Zeit, um einzutreffen. Der Abstand zwischen den Einzelsignalen verkürzt sich für den Hörer in Summe, sie folgen subjektiv rascher auf einander. Und diese zeitliche Differenz ist nichts anderes als das Maß für die Frequenz – im akustischen Bereich gemeinhin Tonhöhe genannt. Da sich das Licht trotz Einstein beharrlich genauso ausbreitet wie Schallwellen, passiert damit exakt das Gleiche: Seine Frequenz verschiebt sich.

Was so gesehen schon fast nach »Problem gelöst« klingt, treibt unsere Messgeräte hart an ihre Limits. Nehmen wir die heimatliche Sonne mit ihren 696.350 Kilometern Radius und als aufzuspürenden Planeten die Erde. Das effektive Schwerkraftzentrum, um das die beiden kreisen, liegt 450 km außerhalb des Sonnenmittelpunktes, woraus sich eine Abweichung von kaum 0,07 % ergibt. Hinzu käme, dass ein außerirdischer Forscher unser System ein halbes Erdenjahr lang studieren müsste, um die Globusmasse festlegen zu können.

Die Differenz beim Schlingern eines zehn Lichtjahre entfernten, gleichartigen Sterns hat so viele Nullen hinter dem Komma, dass sie sich praktikabel nur mit einem Minus-Exponenten[9] darstellen lässt, der genauso unverständlich bleibt wie die ausgeschriebene Ziffernkolonne. Was von Spektrometern verlangt wird, die da noch Farbverschiebungen feststellen sollen, ist die eine Sache; die andere betrifft den nötigen Beobachtungszeitraum.

---

8   Wer sich hier bewegt, ist eine Frage des Bezugssystems.
9   Mathematische Potenz; $0{,}001 = 10^{-3}$, zum Beispiel.

Und doch – es funktioniert. Mit Hilfe der Radialgeschwindigkeitsmethode wurden unter anderem am HARPS-Teleskop[10] die Exoplaneten Gliese 667 Cc und Ross 128b ermittelt. Die Welten sind deswegen so beliebte Spekulationsobjekte, weil sie in der habitablen Zone ihres jeweiligen Sterns kreisen, also Leben beherbergen könnten.

Weiters haben Astronomen die »*Gravitational Microlensing*«-Methode im Repertoire. Sie nutzen dabei den Mikrolinseneffekt. »Mikro« ist bei diesen Maßstäben ziemlich irreführend, halten wir uns also an die Bezeichnung Gravitationslinse. Das Phänomen ist recht einfach zu erklären. Dass Kanten Licht beugen, ist bekannt: Wenn ein scharf umrissenes Objekt vor einer Lichtquelle vorbeizieht, glüht es an den Rändern gleichsam auf, weil eigentlich dahinter verborgene Abschnitte des Lichtfeldes »herum« gebeugt werden. Der Betrachter sieht also mehr, als er sonst in gerader Linie sehen würde. Ist das Vorderobjekt rund, ergibt sich eine Art Vergrößerung.

Im All übernehmen starke Schwerkraftzentren diese Funktion. Hier ist es die Gravitation, welche die Lichtstrahlen ablenkt. Wandert zum Beispiel eine massereiche Galaxie vor einem Quasar vorbei (einem extrem hellen Objekt[11]), kann es zu skurrilen optischen Erscheinungen wie dem Einsteinkreuz kommen. Ein schönes Beispiel dafür ist »Huchras Linse«, 400 Millionen Lichtjahre weit weg im Sternbild Pegasus: Der dahinterliegende Quasar[12] – eigentlich verdeckt – ist rundherum gleich vier Mal zu sehen.

Fällt die Schwerkraftlinse relativ zum ferneren Objekt kleiner aus, vereinigen sich die Phantombilder unter glücklichen Umständen zu einer einzigen Darstellung. Und die ist zur Freude der Beobachter viel größer, als hätte man es direkt ins Visier genommen. Der dazwischen-

---

10 *High Accuracy Radial velocity Planet Searcher*, genau genommen der Spektrograph eines Teleskops des La-Silla-Observatoriums in Chile.
11 Quasistellares Objekt: Das Zentrum einer Galaxie, bei der das Schwarze Loch so rabiat Materie anzieht, dass diese beim Verglühen enorme Strahlungsmengen freisetzt.
12 Das Arrangement heißt *Q2237+030*, der Quasar *2237+0305*. Schönere Namen hat man sich noch nicht einfallen lassen.

liegende Gravitationspunkt funktioniert dann wie eine Lupe, wodurch Objekte sichtbar werden, die ansonsten der Leistungsfähigkeit unserer Instrumente entzogen sind.

Bei Exoplaneten kann es dazu führen, dass die scheinbare Helligkeit des Sterns zunimmt, wenn sein Trabant dahinter ist – weil dessen reflektiertes Licht auf Umwegen hinzukommt. Das klingt irgendwie absurd; aber man möge sich den Planeten als Spiegel vorstellen, der einen Teil des hinten abgegebenen Sternenlichtes zurückwirft. Der Gravitationslinseneffekt leitet es nach vorne, wo es sich zur Gesamtemission addiert. 2003 wurde ein solcher Vorgang erstmals dokumentiert.

Alles schön und gut; es ist ja durchaus faszinierend, mit welch ausgefeilten Verfahren man solchen Himmelskörpern mittlerweile auf die Spur kommt, aber ginge das nicht auch irgendwie einfacher?

Doch, es geht. Und zwar seit gut zwanzig Jahren höchst erfolgreich. 1999 wurde das erste mit Hilfe der sogenannten Transitmethode entdeckte Objekt vorgestellt. Es handelte sich um HD 209458 b. Schon seine Entdecker waren mit dieser zwar wissenschaftlich korrekten, aber eher an ein Autokennzeichen gemahnenden Bezeichnung nicht glücklich und tauften ihn auf den Namen Osiris. Da man den römischen Pantheon für das heimische System geplündert hatte und im Umfeld längst die griechische Mythologie heranzog, lag es nahe, auf ägyptische Götter zurückzugreifen. Weil Ordnung aber sein muss, harrt diese neue Nomenklatur noch ihrer Genehmigung durch die Wächter der IAU.

Der inoffizielle Osiris – benannt nach dem Gott des Jenseits und der Wiedergeburt – kreist in 160 Lichtjahren Entfernung um den veränderlichen Stern V376 Pegasi im Sternbild (richtig geraten:) Pegasus. Genau genommen wurde er vermittels einer Kombination aus mehreren Methoden entdeckt, aber die Transitmethode kam hier jedenfalls erstmals zum Einsatz.

Wie vieles, das völlig naheliegend scheint, sobald einmal jemand anderer drauf gekommen ist, leuchtet die Vorgehensweise sofort ein.

Kapitel 9

Wenn ein Stern, den man im Visier hat, von Planeten umkreist wird und man das System (i.e. seine Bahnebene) einigermaßen von der Seite betrachten kann, müssen diese Welten irgendwann zwischen dem Beobachter und dem Stern vorbeiwandern. Was passiert dann? Na, ein dunkler Fleck zieht über die ferne Sonne, und schon haben wir den Kandidaten. Ganz einfach.

Ginge das tatsächlich so problemlos, müsste man sich ernsthafte Sorgen um die Gedankengänge unserer Astronomen machen. In der Realität gestalten sich die Dinge jedoch wie üblich etwas vertrackter. Ein beobachteter Stern steht nicht groß und schön wie die heimatliche Sonne vor Augen; er ist bloß ein winziger Lichtpunkt, der sich zwar digital beliebig vergrößern lässt, aber die Bildauflösung bleibt dabei so bescheiden, wie sie angesichts der Entfernung nun einmal für unsere Instrumente ist.

Das Einzige, was man beim Vorbeiwandern eines präsumtiven Planeten feststellen kann, ist ein geringfügiger Helligkeitsabfall. Und hier setzt die Transitmethode mit allen verfügbaren technischen Finessen an.

Zunächst muss man einmal ausschließen, dass der Schatten vor der Optik ganz woandershin gehört – Sternbilder setzen sich, wie erwähnt, auch nicht aus einander im dreidimensionalen Raum nahen Objekten zusammen. Das Aussortieren geht noch relativ einfach, da man aus Erfahrung zum Beispiel weiß, wie schnell Planeten orbitieren können; ist die Verdunkelung zu kurz, stammt sie von etwas anderem.

Womit zugleich das leidige Problem mit der Beobachtungszeit auftritt, mit dem alle anderen Methoden in ähnlicher Form zu kämpfen haben. Wenn Brown erklärt »Geben Sie mir 10.000 Jahre, und ich sage Ihnen genau, wo Planet Neun ist«, spricht er nur halb im Scherz. Je weiter vom Zentralstern entfernt ein Begleiter kreist, desto länger ist seine Umlaufzeit. Nehmen wir Neptun. Er ist mit 20.000 km/h unterwegs[13], kommt aber nur alle 165 Jahre vorbei. Wie geduldig muss man sein?

---

13 Etwa das siebenfache Tempo einer Gewehrkugel.

Geht es um ein Objekt wie die Erde, wäre nur ein Jahr gefragt. Allerdings muss man den Stern sozusagen pausenlos anstarren – bei einer begrenzten Anzahl von Fernrohren, die über hinreichende Auflösung verfügen, auch nicht bequem realisierbar (Stichwort: heißbegehrte Teleskopzeit). Hier spielen Glück und Zufall ihre Rollen. Außerdem muss der Kandidat groß genug sein, um den von ihm hervorgerufenen Helligkeitsabfall als signifikant auszuweisen, sprich: jenen Toleranzbereich überschreiten, der an der Leistungsgrenze von Instrumenten gegeben ist. Ein wesentlicher Grund dafür, dass die meisten der bislang bestätigten Exoplaneten eher den Durchmesser eines Jupiter als den eines Merkur haben.

Weil auch noch mindestens drei Transits (Durchgänge) mit gleichem Muster nachgewiesen werden müssen, ehe die strengen Regeln eine Bestätigung zulassen, beschränkt sich die Ausbeute tendenziell auf schnell orbitierende Planeten; die dann zwangsläufig so dicht am Stern kreisen, dass ihre Oberfläche viel zu heiß ist, um die Entstehung von Leben in der uns bekannten Form zu erlauben ... aber das bekümmert im Grunde nur jene Forscher, die nach außerirdischen Zivilisationen suchen.

Der Stern selbst wiederum kann die Astronomen an der Nase herumführen, indem er sich Sonnenflecken zulegt. Das sind Bereiche, in denen das fluktuierende Magnetfeld durch die Oberfläche bricht. Dabei wird Material hinausgeschleudert, die Gegend kühlt sich ab und erscheint dunkler. Bei unserem heimatlichen Gestirn können die Flecken den vielfachen Erddurchmesser erreichen. Ein schöner Reinfall, wenn man die ganze ausgetüftelte Berechnungsmaschinerie in Gang setzt, um am Ende nur dem Stern bei einer Aktivitätsphase zugesehen zu haben.

Auch hier hilft zum Glück das Wissen um Rotationsperioden. Bei der Sonne ziehen die dunklen Stellen mit unterschiedlicher Geschwindigkeit über die Oberfläche, was ein falsches Eigendrehungstempo des Sterns vortäuschen könnte. So oder so brauchen sie aber mehrere Wochen. Selbst der Neptun wandert – für einen weit entfernten Beobachter – in drei Tagen durch. Außerdem verändern Sonnenflecken ihre Größe, und sie beschreiben nie exakt die gleiche Bahn.

All dies vorausgesetzt, registriert das Teleskop nun eine bestimmte Kurve. Sie beginnt mit dem Eintritt des Kandidaten. Zunächst passiert nicht viel. Die äußeren Schichten des Sterns sind kälter und somit dunkler als das Zentrum, der Unterschied ist noch nicht gravierend. Erst wenn der Passant in die Mitte wandert, gibt es einen deutlichen Helligkeitsabfall; die Kurve bricht auf charakteristische Art ein. Falls man Glück hat und sich das System – bei Inklination des Planeten: seine private Bahnebene – genau seitlich präsentiert, verläuft die Kurve spiegelbildlich. Dann erscheinen die ab- und aufsteigenden Flanken im Messprotokoll exakt gegengleich.

Wiederholt sich die Sache mehrmals, ist das ein gefundenes Fressen für die Forscher, denn jetzt können sie ziemlich sicher sein, es mit einem orbitierenden Objekt zu tun zu haben. Noch erstaunlicher ist, was sich aus diesen Daten alles herausholen lässt.

Eine Grundlage dafür bietet die angenommene Sternenmasse. Hier wird es etwa heikel, denn woher will man das wissen? Nun, anhand des Hertzsprung-Russell-Diagramms ergibt sich ein direktes Verhältnis zwischen Alter, Größe, Masse und Lichtspektrum eines Sterns. Da man zugleich davon ausgeht, dass die Objekte im Universum seit dem Urknall auseinanderstreben, berechnet man die Entfernung des Sterns über seine Rotverschiebung. Allerdings verschränken sich die Parameter; wird nur eine der diffizil rückgeschlossenen Annahmen leicht modifiziert ... Egal, wir wollen unseren Wissenschaftlern mangels besseren Wissens einfach glauben, dass ihre Resultate der Realität nahekommen.[14]

---

[14] Die Formel für die Masse-Leuchtkraft-Beziehung lautet $\log M = 0{,}59 - 0{,}13\, M_{bol}$. M ist dabei das Gewicht in Sonnenmassen und M_{bol} die bolometrische Helligkeit (Gesamtleuchtkraft). Über die relativistische Dopplerverschiebung – nennen wir sie D_R – errechnet sich die Masse gemäß $M = (D_R(rc^2))/G$; r ist der Radius, c die Lichtgeschwindigkeit und G die Gravitationskonstante. Das funktioniert aber nur bei Sternen mit großer Oberflächenschwerkraft wie zum Beispiel Weißen Zwergen. Alles klar?

Bei gegebenen Sterneigenschaften (Masse, Dichte, Durchmesser) kommt man direkt auf die entsprechenden Werte des Planeten. Das geht so: Aus der Sterngröße ergibt sich der Durchmesser des Vorbeiziehenden, weil perspektivische Verzerrungen auf diese Distanz keine Rolle spielen. Nimmt man die Radialgeschwindigkeitsergebnisse hinzu – das Wackeln des Sterns –, bekommt man eine Vorstellung von der Masse. Das Resultat hängt natürlich von der Distanz ab, in welcher der Planet orbitiert, aber da hilft Keplers drittes Gesetz weiter: Je entfernter das Objekt ist, desto langsamer kreist es, und desto seltener kommt es vorbei.

Also lässt sich von Transitgeschwindigkeit und -häufigkeit auf die interne Distanz schließen, und von dort via Sternschwankung weiter auf die Masse des Planeten. Aus der Relation zwischen Gewicht und Durchmesser wiederum ergibt sich die vermutliche Zusammensetzung: Gas- oder Gesteinsplanet.

Damit wären wir schon verblüffend weit gekommen. Aber es geht noch besser. Zieht der Trabant schräg vorbei, verändert sich die gemessene Helligkeitskurve des Sterns dergestalt, dass man die Bahnneigung des Objektes ausrechnen und von dort auf die Systemekliptik schließen kann. Plus/minus lokaler Eigenwilligkeiten, aber je weiter ein Planet entfernt ist, desto geringer sind erfahrungsgemäß die Abweichungen; unser Merkur, dicht an der Sonne, leistet sich noch 7 Grad Schieflage, der Rest seiner Kollegen bleibt im Schnitt unter 2 Grad.

Die Umlaufperiode des Objektes hat man bereits. Aus den inzwischen hinzugekommenen Ergebnissen lässt sich mit Keplers Hilfe nun auch die Bahnexzentrizität eruieren, also wie mehr oder weniger gestreckt seine Ellipse verläuft.

Wie wäre es, jetzt noch etwas über die Oberflächentemperatur und die Atmosphäre des Planeten zu erfahren? Selbst Pluto ist von einer dünnen Gasschicht umgeben, wie die stimmungsvollen Aufnahmen der New-Horizons-Sonde zeigten. Ein Objekt ähnlich unseren Großplaneten muss am Rand zwangsläufig eine entsprechende Komposition aufweisen. Wenn es über eine feste Oberfläche verfügt, könnte höchstens einem so kleinen und eng orbitierenden Exemplar wie Merkur der Zentralstern jegliche Hülle weggeblasen haben. Also sehen wir nach ...

Tatsächlich geben die Daten auch das her. Zunächst ist die Albedo interessant. Der Terminus bezeichnet das Rückstrahlvermögen eines Körpers, zu Deutsch: wieviel Prozent des auf ihn fallenden Lichtes er reflektiert. Eine Ahnung davon bekommt man eventuell über den Gravitationslinseneffekt, wenn er sich hinter der dortigen Sonne befindet. Bei der Transitmethode wird es spannend, sobald er anfängt, die Sichtachse zwischen Teleskop und Stern zu verlassen.

Dann kommt nämlich langsam seine Tagseite ins Bild, und deren Leuchten interferiert mit den Emissionen jener Sonne. Aha, sobald er also außerhalb der Scheibe ist, sieht man ihn? Leider – meistens – nein, das wäre zu schön. In seltenen Fällen gelingt es, wie bei 2M1207b. Der Planet umkreist einen 170 Lichtjahre entfernten Braunen Zwerg im Sternbild Wasserschlange. 2004 schoss die ESO dieses erste Bild eines Exoplaneten, im Infrarot. Allerdings ist der Kandidat vier Mal so schwer wie Jupiter und entsprechend groß.

Was man üblicherweise feststellt, ist ein minimaler Anstieg der Gesamtleuchtkraft nach Abschluss des Transits; die Zunahme verschwindet, sobald der Planet hinter seinen Stern wandert (oder wegen schiefer Ekliptik überhaupt aus dem Fokus gerät). Bei bereits eruierter Größe sagt die Albedo eine ganze Menge über die Hülle bzw. Oberfläche des Objekts aus, da unterschiedliche chemische Kombinationen unterschiedlich reflektieren, sowohl in der Intensität als auch in der Farbgebung.

Anhand der Entfernung zwischen Sonne und Planet hat man schon eine gute Vorstellung davon, wie warm es auf Letzterem sein dürfte – wie heiß der Stern selbst ist, wurde ja längst ausgerechnet. Da man zudem das Alter des Systems kennt, bietet sich eine gewisse Reihe chemischer Verbindungen an, die nur noch auf ihr Farb- und Reflexionsverhalten durchgespielt werden müssen.

»Nur noch« ist ein Euphemismus[15], zugegeben. Aber der Suchbereich konnte eingeschränkt werden, und den Rest erledigen geduldige Computer. Sehr viel besser werden deren Arbeitsbedingungen, wenn man die Werte hinzunimmt, die während des Durchgangs erfasst wurden. Solange sich der Planet nämlich vor seinem Stern befindet, fällt ein Teil des Lichtes durch die Atmosphäre des Begleiters und wird entsprechend moduliert.

Hier schlägt die Stunde der Spektrometer, die das Licht in seine Bestandteile zerlegen und die einzelnen Frequenzanteile (im optischen Bereich: Farben) aufschlüsseln.

Die Instrumente werden nach Belieben auch als Spektroskope oder Spektrographen deklariert; wie richtig oder falsch die Benennung jeweils ist, braucht uns an dieser Stelle nicht zu kümmern. Das elektromagnetische Spektrum aber schon, weil ständig davon geredet wird.

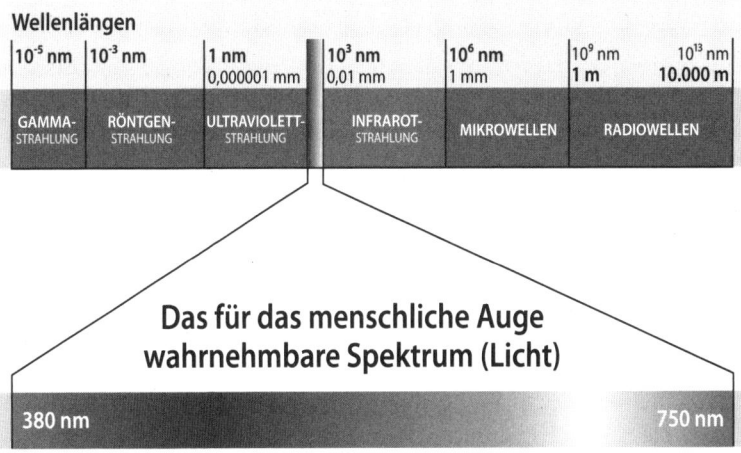

Abb. 8 Das elektromagnetische Spektrum

---

15 Schönrednerei. Von griech. *eu* = gut und *femí* = sagen.

Wer an akustische Frequenzschriebe gewöhnt ist, wird die vorangegangene Darstellung als seitenverkehrt empfinden; bei Tönen verläuft die Achse von den tiefen zu den hohen von links nach rechts. Beim Licht hat es sich eingebürgert, die Wellenlängen von kurz (= energiereich) nach lang zu sortieren. Hundert Meter entsprechen dabei ca. drei Megahertz. Das »nm« in der Graphik steht für Nanometer, ein Milliardstel Meter.

Der eine oder andere dürfte vielleicht erstaunt sein, dass sein Mikrowellenherd trotz der Bezeichnung mit langewelligerer Strahlung operiert als seine Herdplatten. Ansonsten sieht man zum Beispiel, wo der kosmische Mikrowellenhintergrund CMB angesiedelt ist.

Einschub für jene, die sich fragen, weshalb der CMB in Kelvin angegeben wird: Das ist eine Temperaturskala, welche im Maßstab exakt Celsius folgt, nur dass 0°K gleich minus 273,15°C sind, die tiefstmögliche Temperatur[16]; Wärme kommt von den Hin- und Herbewegungen der Atome, und wenn die sich nicht mehr rühren, ist Schluss. Als einen Maßstab für alles Mögliche hat man sich die Schwarzkörperstrahlung einfallen lassen, also die Energie, die ein ideal (= absolut) schwarzes Objekt abgäbe. Der CMB strahlt auf dieser Skala bei ca. 3°K – woraus sich die Relation von Alter und Abkühlung des Universums ergibt –, am stärksten bei ungefähr 0,17cm ≙ 180 GHz. Einschub Ende.

2007 gelang es einem Team von der ETH Zürich, aus den Aufnahmen, die das SST auf La Palma früher von einer 64 Lichtjahre entfernten Sonne im Sternbild Fuchs gemacht hatte, den dortigen Exoplaneten HD 189733 b mittels Polarimetrie zu extrahieren.

Der Vorgang war in mehrfacher Hinsicht interessant.

Auf dem grünen Vulkaneiland (nicht zu verwechseln mit der Stadt Las Palmas auf der Hauptinsel Gran Canaria) liegt in 2400 Metern Seehöhe eine bestens bestückte Sternwarte; sie hört auf den klang-

---

16 Im täglichen Leben orientieren wir uns praktischerweise am Gefrierpunkt von Wasser.

vollen Namen *Observatorio del Roque de los Muchachos*, zu Deutsch etwa »Beobachtungsstation am Bubenfelsen«. Unter anderem betreibt dort die Königlich Schwedische Akademie der Wissenschaften ein ferngesteuertes Sonnenteleskop – das man auch auf andere Ziele richten kann.

HD189733 ist ein Doppelsternsystem, bestehend aus einem Roten und einem Orangen Zwerg. Dass Letzterer einen Planeten hat, wusste man schon: einen Gasriesen vom Format des Jupiter, der binnen zweier Tage einmal rund um seinen Stern hetzt. Er ist entsprechend dicht dran, und auf seiner Oberfläche hat es ungemütliche 1000° Celsius. Das Gute für Astronomen ist, dass er dank seiner Größe und Geschwindigkeit eine deutliche und rasch wiederholte Signatur im aufgefangenen Gesamtspektrum hinterlässt.

So fand man heraus, dass seine äußeren Atmosphärenschichten Methan, Kohlendioxid und Wasserdampf enthalten. Die Tüftler von der ETH Zürich machten sich den Umstand zunutze, dass reflektiertes Licht – wie es die Oberfläche eines angestrahlten Körpers zurückwirft – polarisiert ist, also nur entlang einer Ebene schwingt (Sonnenbrillenhersteller wissen das auch). Die Forscher filterten die polarisierten Anteile heraus und machten den Planeten damit sichtbar.

Ein Heißer Jupiter[17] ist sicher bemerkenswert. Noch viel spannender wäre es, wenn man auch auf sogenannt erdähnlichen Exoplaneten eine Atmosphäre nachweisen könnte, die Wasserdampf und gasförmige Kohlensauerstoffverbindungen enthält. Dann wäre ein weiteres Kriterium hinsichtlich der Bewohnbarkeit erfüllt, weil Kohlenstoff als Grundbaustein des Lebens vorausgesetzt wird. Auf jeden Fall für genügsame Lebensformen wie Bakterien.

Leider schaffen das unsere Instrumente im Augenblick noch nicht, bei vergleichsweise kleinen Planeten gehen solche Feinheiten in den

---

17   Exoplanetenklasse, engl. *Hot Jupiter*.

Tiefen des Signal-Rausch-Verhältnisses unter;[18] alle Hoffnungen ruhen auf dem ELT und dem JWST. Für Planet Neun hingegen wären die Teleskope jetzt schon bestens gerüstet. Er bewegt sich – langsam, aber doch – relativ zu uns. Man müsste nur sein Vorbeiziehen vor irgendeiner der zahlreichen Leuchtquellen abwarten, um die Zusammensetzung seiner Atmosphäre bestimmen zu können.

---

18 Bei Osiris ließ sich nur feststellen, dass er eine Atmosphäre hat; ihre Zusammensetzung ist unbekannt.

KAPITEL 10
DIE SUCHE NACH ZIVILISATIONEN

Nachdem es sich herumgesprochen hatte, dass unsere Erde nicht der einzige Planet im Sonnensystem ist, machte der menschliche Geist das, was sich im Laufe seiner Evolution als das Sinnvollste erwiesen hatte: Er schloss vom Bekannten auf das Unbekannte.

Wer noch nie eine *Gymnothorax moringa* gesehen hat und zum ersten Mal in tropischen Gewässern schwimmt, denkt sich vielleicht: »Sieht aus wie eine Schlange, bewegt sich wie eine Schlange, lebt im Wasser – ist also eine Wasserschlange. Besser, ich versuche nicht, sie zu streicheln.« Der erste Schluss ist zwar falsch, der zweite dafür aber umso richtiger; es wäre tatsächlich wenig empfehlenswert, einer Gefleckten Muräne das Kinn zu kraulen.[1]

Wie sollte man sich also fremde Planeten vorstellen? Natürlich mit fester Oberfläche, und von allerlei exotischer Flora und Fauna bevölkert. Im 17. Jahrhundert veröffentlichte Christiaan Huygens ein Buch, dessen Titel im Deutschen »Weltbeschauer, oder vernünftige Muthmaßungen, dass die Planeten nicht weniger geschmükt und bewohnet seyn, als unsere Erde« lautete.

Kein Grund, mitleidig zu lächeln. Der niederländische Gelehrte war ein Zeitgenosse Newtons und einer der führenden Mathemati-

---

1 Nein, die lauern nicht immer nur in ihren Höhlen. Vor allem nachmittags schwimmen sie gern herum – auf der Jagd.

ker seiner Epoche. Er betrachtete das Licht als Welle, konstruierte die erste Pendeluhr und entdeckte mit einem selbstgebauten Teleskop den Saturnmond Titan. Zu Recht wurde jene Sonde nach ihm benannt, die 2005 dort ihre spektakuläre Landung hinlegte.

Von den Marskanälen und ihren Auswirkungen auf die modernen Mythen[2] haben wir schon gehört. Dass Spock & Co ausschließlich auf Himmelskörpern mit solidem Untergrund ankamen, deren Schwerkraft exakt jener der Erde entsprach, war den technischen Möglichkeiten der Filmstudios geschuldet; erst in der Nachfolgeserie *Star Trek: Enterprise* sackte ein beschädigtes Schiff recht realistisch durch die Schichten eines Gasplaneten. Die Vorstellung, dass fremde Welten der unseren ähneln könnten, ist allerdings wissenschaftlich durchaus fundiert.

Laut Statistik gibt es allein in unserer Milchstraße 250 Milliarden Sterne, und die Galaxis ist nur eine von über hundert Milliarden ihrer Art. Da die meisten Sonnen von Planeten umkreist werden, ist es höchst unwahrscheinlich, dass sich im gesamten Universum ausschließlich hier Leben entwickelte. Jedenfalls, wenn man von gewissen religiösen Überzeugungen absieht, oder der eigenwilligen Rare-Earth-Hypothese.[3]

Der US-Astrophysiker Frank Drake machte sich die Mühe, die Sache auf den Punkt zu bringen. Er nahm alle ersichtlichen Parameter, ordnete sie zu einer logischen Reihenfolge und präsentierte das Ergebnis im November 1961 auf einer Konferenz den versammelten Kollegen. Die berühmte Drake-Formel lautet:

$$N = R_* \cdot f_p \cdot n_e \cdot f_l \cdot f_i \cdot f_c \cdot L$$

---

2 Engl. *urban legends*.
3 Aufgestellt von dem Geologen Peter Ward und dem Astronomieprofessor Donald Brownlee. Titel ihres 2000 erschienenen Buches: *Why Complex Life Is Uncommon in the Universe*.

Womit man auf den ersten Blick ungefähr so viel anfangen kann wie mit dem kryptischen Google-Algorithmus.[4]

Also der Reihe nach. Das Endergebnis N gibt die Anzahl der Zivilisationen an, die sowohl Willens als auch in der Lage sind, mit Intelligenzen jenseits ihres Systems zu kommunizieren. Um in der Einstufung bis dorthin zu kommen, müssen sieben Filter durchlaufen werden.

Drake ging davon aus, dass es keine Intelligenz ohne Leben gibt, und dass Leben in seiner Erscheinungsform dem entspricht, was wir darunter verstehen. Eine Selbstverständlichkeit? Es gibt da ein kleines Problem; die Wissenschaft konnte sich bis heute nicht auf eine exakte Definition von »Leben« einigen ... egal, dazu später mehr. Unter der genannten Voraussetzung tummeln sich Geschöpfe nicht auf Sternen, sondern auf kühleren Himmelskörpern. Diese wiederum bilden sich üblicherweise in Sonnensystemen[5], weshalb erst einmal ein Stern da sein muss.

Mit R_* wird daher zunächst die Sternbildungsrate angegeben, also wie viele Sonnen in der jeweiligen Galaxie innerhalb eines bestimmten Zeitraumes entstehen. Dann folgt die Voraussetzung f_p, dass die Sterne auch Planeten haben. Die nächste Einschränkung n_e betrifft wieder unsere Vorstellungen, weil sie nur sogenannt bewohnbare Planeten gelten lässt (Stichwort habitable Zone). Und weil bewohnbar nicht gleich bewohnt heißen muss, grenzt f_l die Kandidaten auf jene ein, wo auch wirklich Leben entstanden ist.

Wir hätten also bisher: Sonnen mit Planeten, auf denen es weder zu heiß noch zu kalt ist, und wo zumindest ein paar Einzeller ihr Dasein fristen. Nun kommt mit f_i die Evolution ins Spiel. Haben sie sich zu immer komplexeren Organismen weiterentwickelt, Bewusstsein/Intelligenz erlangt und technische Zivilisationen gebildet, welche in der Lage sind, über die Grenzen ihrer Heimatwelt hinaus Kontakte zu knüpfen?

---

4   Pagerank: $PR(A) = (1-d) + d\,(PR(T_1)/C(T_1) + ... + PR(T_n)/C(T_n))$ bzw. $p_a = (1d)/N + d(p_1/c_1 + p_2/c_2 + ... + p_k/c_k)$.

5   Üblicherweise, aber keineswegs ausschließlich; genaugenommen müßte man der Formel auch freifliegende Einzelgänger hinzufügen.

Dass Drake unter diesem einen Parameter großzügig die gesamte heimische Evolutionsgeschichte von der Mikrobe bis zum Homo sapiens subsummierte, lag vermutlich an der Technik- und Fortschrittsbegeisterung der 1950er-Jahre. In ihrem Enthusiasmus waren die Wissenschaftler davon überzeugt, dass noch die letzte Amöbe nach Höherem strebte und sich unausweichlich zu einer Spezies entwickelte, die ohne Elektrizität nicht mehr leben wollte. Ein Planet, dauerhaft von genügsamen Schwämmen und zufriedenen Koalas bevölkert, war nicht vorgesehen.

Eines bedachte man aber doch – die Möglichkeit, dass die hochtechnisierten Aliens vielleicht gar keine Lust haben, mit irgend jemand anderem zu reden. Daher fügte Drake f_c ein; das kleine c steht für communication.

Gar so abwegig ist die Überlegung nicht. Für unsere Evolution war Neugier eine Triebkraft und ein Selektionskriterium. Der Affe, der seine Nase nicht in Dinge steckte, die ihn eigentlich nichts angingen, machte keine Erfahrungen, die ihm bei unvorhergesehenen Ereignissen nützlich (im Sinne von überlebensfördernd) sein konnten. Aber wer sagt, dass es immer nach Darwin gehen muss? Es könnte Entwicklungsprozesse geben, die nicht darauf basieren, dass Wesen A Wesen B fressen muss, um weiterzukommen. Dann wäre Aggression – in der ursprünglichen Bedeutung des Lateinischen *aggredere* = herangehen – nicht fix im genetischen Bauplan verankert, und die Zivilisation könnte selbstgenügsam sein, ohne aus lauter selbstentsagenden Philosophen bestehen zu müssen.

Vermutlich dachte Drake eher an Leute, die sich mit freundlichen Grußbotschaften daheim bereits die Finger verbrannt hatten, weil ihr soziales Winken eine Einladung für Eroberer gewesen war – Bedenken, mit denen SETI (siehe weiter unten) bis heute konfrontiert ist.

Zu guter Letzt musste einberechnet werden, dass eine Zivilisation auch wieder verschwinden kann. Sei es durch äußere Einwirkungen wie einen fatalen Asteroidentreffer, eine tödliche Krankheit, die man nicht in den Griff bekam, oder weil sie sich selbst zerstörte. Zu der

Zeit, als die Gleichung vorgestellt wurde, hatte der Kalte Krieg zwischen den Supermächten USA und UdSSR gerade begonnen. Die Möglichkeit eines für alle Seiten verheerenden Einsatzes der Nukleararsenale stand im Raum, weshalb man derlei närrisches Verhalten auch Außerirdischen zutraute.

Vor allem aber war klar, dass kein Stern ewig hält. Wenn der Planet um ein leichtes Exemplar mit bis zu einem Drittel der Sonnenmasse kreist, geht quasi nur das Licht aus – unangenehm genug, aber theoretisch kann sich eine Zivilisation damit auf ihrer Welt arrangieren. Wahrscheinlicher ist, dass der Stern auf eine Nova zusteuert. Welcher Art die Explosion letztlich ist, braucht niemanden mehr zu bedrücken, weil sich die Sonne vorher dermaßen aufbläht, dass sie den Planeten grillt. Wenn die Lebewesen nicht rechtzeitig auswandern, limitiert der Parameter L die Zeitspanne, in welcher sie kommunizieren.

Eine schöne Formel, zweifellos. Und? Was kommt dabei heraus? Bisher bekanntlich leider nichts. Dass es noch keine brauchbaren Resultate für N gibt, liegt an der zu großen Anzahl von Variablen, die wir nicht einmal näherungsweise evaluieren können. In der heimatlichen Galaxis kennt man zwar die ungefähre Sternbildungsrate, und selbst eine Abschätzung der Anzahl bewohnbarer Planeten wäre möglich.

Wie wahrscheinlich die Kombination von Aminosäuren[6] zu dem führt, was wir als Leben bezeichnen, ist jedoch pure Kaffeesatzleserei, egal, wie gemütlich bzw. einladend der Planet sonst auch sein mag. Wir haben keine Ahnung. Selbst unter perfekten Laborbedingungen, welche die »Ursuppe«[7] samt Umgebungskoeffizienten nachstellen, wurde noch nie eine spontane Lebensbildung beobachtet; und etwas Ähnliches wie uns haben wir zwecks vergleichender Beobachtung schon gar nicht zur Verfügung.

---

6 Chemische Verbindungen aus Stickstoff, Kohlenstoff und Sauerstoff; diese Proteine (Eiweiße) sind Bestandteil aller irdischen Lebensformen.

7 Eine Mischung anorganischer Substanzen, welche durch die Bildung komplexerer Verbindungen das Leben auf der Erde entstehen ließ. Der genaue Vorgang ist ungeklärt, die Theorie umstritten.

Kapitel 10

Trotzdem scheint die Drake-Gleichung zum Fermi-Paradoxon zu führen.

Bereits 1950 hatte der italienische Physiker Enrico Fermi aus der offensichtlichen Anzahl möglicher bewohnbarer Planeten geschlossen, dass sich selbst in unserer Heimatgalaxie theoretisch zahllose Zivilisationen entwickelt haben mussten, welche über die technischen Voraussetzungen zur interstellaren Kommunikation verfügten. Laut Überlieferung war er gerade mit seinen Kollegen[8] auf dem Weg zum Mittagessen im Los Alamos National Laboratory. Man plauderte über die neuesten Schlagzeilen (»Wieder UFO gesichtet!«) samt einer Karikatur in der Zeitschrift *New Yorker*, als er die auf der Hand liegende Frage mit dem berühmten Satz formulierte: »*Where is everybody?*«

Ja, wo sind sie denn alle, wieso haben wir nicht schon längst Besuch oder zumindest Botschaften von Außerirdischen bekommen? Ein beachtlicher Prozentsatz unserer Mitmenschen ist davon überzeugt, dass genau dies längst der Fall war. Von Erich Dänikens mexikanischen Astronauten über die zahlreichen Zeugen, die erklären, höchstselbst von Aliens entführt worden zu sein, reicht die Liste bis zur geheimnisumwitterten Area 51 – einem militärischen Sperrgebiet in Nevada, wo die US-Regierung angeblich alle außerirdischen Raumschiffe versteckt.

Realistischer ist der Faktor Zeit. Es geht nicht nur um das »wo«, sondern auch um das »wann«.

Legt man hiesige Maßstäbe zugrunde, dauert es gute drei bis vier Milliarden Jahre, ehe einem Chemiecocktail die Krone der Schöpfung entsteigt, und dann bleibt ihr eine Milliarde Jahre, bis das Sternsystem explodiert. Innerhalb unserer Milchstraße braucht ein Signal bloß 200.000 Jahre, um vom einen Ende bis zum anderen zu gelangen. Klingt gut. Ja – falls es denn durchkommt. Die Galaxis ist eine Scheibe, da müsste man schon einen Planeten in die Luft jagen, damit die

---

8 Edward Teller, Herbert York und Emil Konopinski.

Nachricht ausreichend Energie hat, um nicht von all den dazwischenliegenden Objekten absorbiert zu werden. Die Reichweite von Funkbotschaften ist daher, sagen wir, relativ eng begrenzt.

Und persönlicher Besuch? Lassen wir die trägen Apollo-Raumschiffe mit ihren 5000 Stundenkilometern beiseite und nehmen zum Vergleich das bisher flotteste menschengemachte Objekt, die Pluto-Sonde New Horizons[9]. Sie brachte es auf 58.000 km/h. Nehmen wir weiters an, dass eine hochentwickelte Zivilisation tausend Mal so schnelle Schiffe gebaut hat. Damit würden sie 1,9 Millionen Jahre brauchen, um die halbe Galaxis zu durchqueren ...

Nimmt man das gesamte beobachtbare Universum als Grundlage, liegt die Wahrscheinlichkeit, dass sich unsere bisherige Aufmerksamkeit für Weltraumsignale zeitmäßig mit der Sendungsfreudigkeit einer bestimmten anderen Zivilisation deckt, im besten Fall bei Eins zu einer Milliarde.[10] Vorausgesetzt, die Leute dort hätten eine Möglichkeit gefunden, Botschaften mit der Energie von Sternemissionen abzusetzen.

Wahre SETI-Fans lassen sich aber von Fakten nicht einschüchtern. Das Kürzel steht für *Search for ExtraTerrestrial Intelligence*, also »Suche nach außerirdischer Intelligenz«. Im kalifornischen Städtchen Mountain View hat das SETI-Institut seinen Sitz, eine 1984 gegründete Organisation, die weltweit Teleskopzeit an Radioschüsseln bucht, um keinen Alien-Anruf zu versäumen. Da sie nicht besonders erfolgreich sind (bisherige Trefferquote = Null), kam das Institut 2011 in finanzielle Schwierigkeiten, die vier Jahre später von einer ziemlich schillernden Persönlichkeit behoben wurden: dem russischen Unternehmer Juri Milner.

Im Alter von 35 war er Vizepräsident der Menatep-Bank des Oligarchen Michail Chodorkowski, wechselte zur Moskauer Bank, die in

---

9 Die 2018 gestartete *Parker Solar Probe* brachte es beim Einschwenken in den Sonnenorbit auf das Sechsfache; das zählt aber insofern nicht, als sie das von der Sterngravitation »geborgte« Tempo beim Verlassen der Bahn wieder »hergeben« müsste.

10 Rechenbasis: 14 Mrd Jahre Alter Universum minus 4 Mrd Jahre Evolution / 1 Mrd Jahre Existenz der Fremdzivilisation / 100 Jahre menschlichen Lauschens.

Konkurs ging, heiratete ein Ex-Model und konsolidierte seine Milliarden als Internetinvestor. Dass eine Organisation wie das SETI-Institut nicht wählerisch ist, wenn es um Sponsoren geht, könnte man verstehen. Tatsächlich ist Milner aber studierter Physiker, und es scheint ihm ein Bedürfnis zu sein, sich auf diesem Gebiet als Philanthrop einen Namen zu machen. Er gründete die Physics Prize Foundation, die seit 2012 hochdotierte Ehrungen verteilt, stiftete gemeinsam mit Mark Zuckerberg den Breakthrough Prize und spendete dem SETI hundert Millionen Dollar.

Zur Gala von Breakthrough Listen ließ er sich 2015 mit einer illustren Runde von Mitstreitern feiern: An seiner Seite gaben sich unter anderem Frank Drake höchstselbst, Stephen Hawking und Lord Martin Rees von der Royal Society[11] die Ehre.

Eine Botschaft von Planet Neun zu empfangen, wäre sicherlich ein Traum aller Beteiligten, aber nicht einmal diese Enthusiasten glauben ernsthaft daran. Nebenbei grenzt sich das SETI-Institut bewusst von METI ab – dem *Messaging to Extra-Terrestrial Intelligence*, also dem Ansatz, nicht nur zu lauschen, sondern selbst Botschaften abzusetzen. Hawking zählte zu jenen, die davor warnten, unberechenbare Intelligenzen auf uns aufmerksam zu machen.

Was die Menschheit bereits mehrfach versucht hat.

Schon im 19. Jahrhundert schlug der berühmte Mathematiker Carl Gauß[12] vor, auf der Erde eine weitläufige Pflanzung in Form des Pythagoreischen Lehrsatzes anzulegen, damit sie für die p.t. Bewohner des Mondes zu sehen wäre; und der österreichische Astronom Joseph Littrow wollte in der Sahara großräumig Kanäle mit den Umrissen geometrischer Figuren ausheben, mit Brennstoff füllen und anzünden lassen, um eventuellen Marsianern oder Venusianern ein Signal zu geben.

---

11 Eine 1660 gegründete britische Gelehrtengesellschaft mit offiziellem Sanktus des Königshauses.
12 Stichworte: Nichteuklidische Geometrie, elliptische Integrale, Normalverteilung (Gaußsche Glockenkurve).

Erstmals umgesetzt wurde eine hoffnungsvolle Nachrichtenübermittlung im Jahr 1972. Die damals gestarteten Pioneer-Sonden Nr. 10 und 11 haben goldbeschichtete Aluminiumplaketten im A5-Format[13] an Bord. Darauf eingraviert sind ein nackter Mann (die Hand zum Gruß erhoben), eine nackte Frau, eine symbolische Darstellung des Wasserstoffatoms[14], sowie mehrere Piktogramme von Himmelskörperkonstellationen.

Für den Entwurf zeichnete neben Drake auch Carl Sagan verantwortlich. Der Physiker[15] hatte bei Gerard Kuiper promoviert und war zeitlebens von der Idee begeistert, mit Außerirdischen in Kontakt zu treten. Die nackten Gestalten – gezeichnet von Sagans damaliger Ehefrau Linda – führten im puritanischen Amerika zu skurrilen Diskussionen. Die Macht von Kirchenpredigern war ja nicht zu unterschätzen[16]: Zwei Jahre zuvor, als die Kapsel von Apollo 10 über der Mondoberfläche außer Kontrolle geriet und die Astronauten nur haarscharf einer Katastrophe entgingen, hörte man in der Liveübertragung, wie der Pilot sein Vehikel als »Hurensohn« titulierte[17], was prompt einen empörten Pastor auf den Plan rief. Auf den Pioneer-Plaketten wurden die Geschlechtsteile letztlich stark verkleinert abgebildet, und die Vulva durfte nicht einmal mit einem kurzen Strich angedeutet werden.

Pioneer 11 ist derzeit Richtung Lambda Aquilae im Sternbild Adler unterwegs, wo sie in vier Millionen Jahren eintreffen könnte; ihre Kollegin dürfte ihr ungefähres Ziel Aldebaran (Sternbild Stier)

---

13 Genaue Abmessung: 228,6 × 152,4 mm.
14 Logisch: Es ist das häufigste Element im Universum. Ob die gewählte Darstellung (»Hyperfeinstrukturübergang«) allerdings für irgendjemanden außer den Zeichnern sinnvoll entschlüsselbar ist, sei dahingestellt.
15 Bekannt wurde er als Fernsehmoderator und Verfasser unterhaltsamer populärwissenschaftlicher Bücher.
16 Woran sich auch später nichts änderte. 2001 verkündete der »wiedergeborene Christ« (Eigendefinition), Präsident Bush Junior, die US-Invasion im Irak mit den Worten »*Das ist ein Kreuzzug*«.
17 Eugene Cernan, 22. Mai 1969.

schon in der halben Zeit erreichen. Der Funkkontakt zu den Sonden ist abgerissen, 2003 kam ein letztes Lebenszeichen von Pioneer 10.

1974 ergriff Drake die Gelegenheit, statt einer dahindümpelnden Flaschenpost ein Signal mit Lichtgeschwindigkeit zu verschicken. Das Arecibo-Observatorium auf der Insel Puerto Rico hatte gerade Zeit. Sein Hauptspiegel lässt sich nicht verstellen, weshalb man den 25.000 Lichtjahre entfernten Kugelhaufen M13 im Sternbild Herkules zum Ziel wählte. Dort gibt es über 300.000 Sonnen, und dank der Erddrehung überstreicht der Erfassungsbereich das ganze Gebiet.

Ein Teleskop als Sender? Ja, das geht; man braucht nur z. B. den Fangspiegel gegen einen Emitter auszutauschen. Dessen Leistungsfähigkeit steht auf einem anderen Blatt ... Aber die legendäre Arecibo-Botschaft ist so oder so ein Paradebeispiel dafür, was man alles mit viel Aufwand falsch machen kann.

Digitale Codierung war das neueste Zauberwort. Es wurde eine »An-Aus«-Impulsserie als Übermittlungsform gewählt, welche der Empfänger zu einem 23 × 73-Raster zusammensetzen konnte. Die verfügbare Anzahl von Einzelpunkten (1679 Bits) entsprach damit ungefähr dem Platz, den eine heutige LED-Anzeigetafel für die Darstellung eines einzigen, nicht allzu eckig aussehenden Buchstabens bietet.

Drake nahm die Sache sportlich und brachte in diesen knapp 210 Byte folgende Informationen unter: Die Zahlen 1-10, sechs chemische Elemente, die vier Nukleotide, die Struktur der DNS, die Größe des Menschen samt Weltbevölkerungsanzahl, unser Sonnensystem mit der Erdposition und eine Darstellung des Sendeteleskops.

Um zu zeigen, dass das lustige Bild informativ war, legte er es seinem Freund Sagan vor, der es tatsächlich weitgehend entschlüsseln konnte. Womit bewiesen war, dass die zwei Physiker einander verstanden. Drake: »Ich sah, wie sich die Augen nüchterner Wissenschaftler mit Tränen füllten.«

Außerirdische Intelligenzen hätten mit ein paar zusätzlichen Problemen zu kämpfen. Zunächst müssten sie das Signal vollständig empfangen; geht auch nur ein Bit verloren, ist nicht mehr erkennbar, dass es sich um eine Matrix zur Darstellung eines rechteckigen Bildes handelt. Weiters müsste, wenn doch, der Empfänger den Witz verstehen, dass sich 1679 nur in die Primzahlen 23 und 73 zerlegen lässt, welche die Seitenlängen angeben.

Die Nachricht wurde nicht wiederholt. Wenn die Aliens also nicht sehr genau auf der richtigen Frequenz aufpassen, haben sie Pech; bei einem unterwegs verschluckten Bit sowieso. Mögliche Bewohner von M13 wird das aber ohnehin nicht behelligen, weil das Teleskop auf einen Himmelsabschnitt gerichtet war, der in 25.000 Jahren – wenn das Signal denn eintrifft – längst weitergewandert sein wird ...

Die Frage »Wie dumm geht's eigentlich noch?« wollen wir hier nicht stellen. Das Nachrichtenmagazin *Der Spiegel* interpretierte die Sache 2018 als Werbeaktion zur Wiederinbetriebnahme des Teleskops nach drei Jahren Wartungsarbeiten. Sagen wir so: Die Arecibo-Botschaft war eine gute Unterhaltung für die beteiligten Spezialisten; ihr wissenschaftlicher Wert ist bei den Büchern von Sagans SF-Schriftstellerkollegen anzusiedeln.

Die Amerikaner waren von der Leistung dermaßen beeindruckt, dass die komplette Belegschaft 1977 abermals engagiert wurde. Die NASA ging eben daran, ihre Zwillingssonden Voyager 1 und 2 auf die Reise zu schicken, und auch diese sollten Grüße an Außerirdische mitnehmen. Mit der Gestaltung der Botschaft betraut: Sagan, Drake, Sagans aktuelle Frau Linda und die TV-Produzentin Ann Druyan (sie wurde 1981 Sagans Frau Nr. 3 und stand noch 2015 mit auf der Bühne, als Juri Milner Breakthrough Listen präsentierte).

Es ist somit nicht weiter verwunderlich, dass auch die legendären Voyager Golden Records dem nämlichen Ansatz folgten. Der lautet bis heute im Prinzip: Eine intelligente Zivilisation muss sich unter anderem die Elektrizität zu Diensten gemacht, die chemischen Elemente analysiert und die binäre Kodierung erfunden haben. Dass sie 1.) Mathematik und 2.) die gleiche wie wir verwenden, steht von vornherein außer Diskussion – handelt es sich dabei doch nach Ansicht unserer Naturwissenschaftler um ein dem Universum quasi naturgesetzlich eingeschriebenes Ordnungsschema.

So sehen die Platten auch aus. Wohlgemerkt: Schallplatten. Die Markteinführung der CD lag noch ein paar Jahre in der Zukunft. Die Golden Records sind zwar nicht aus Vinyl, aber sie müssen wie jene Langspielplatten ausgelesen werden, die jüngere Generationen heute meist nur noch von den Musikanlagen schrulliger Altvorderer kennen.

Aliens Analog-LPs schicken? Man meinte das im Ernst. Außerdem enthalten die Tonträger sehr wohl auch Digitalsignale – in Form von Piepstönen, wie sie seinerzeit bei Faxgeräten zum Einsatz kamen.

Einschub für Spätgeborene: Ein Telefaksimile[18] ist eine elektromagnetisch übertragene Bilddatei. Die Methode wird immer noch zum Versenden von Dokumenten verwendet. Ähnlich wie bei einem Morsesignal ist die Information in zeitmodulierten Klängen kodiert. Wer früher die falsche Klappe (Durchwahl) einer Telefonnummer erwischte, hörte statt einer menschlichen Stimme unvermittelt stakkatoartige Pfeiftöne: Er war am Faxanschluss gelandet. Einschub Ende.

In dieser Form sind auf den Golden Records – der Begriff wird meist im Singular verwendet – 116 Bilder gespeichert. Sie zeigen eine balinesische Tänzerin, ein auf dem Rücken liegendes Krokodil, menschliche Geschlechtsorgane (nur als Schwarzweiß-Diagramm), einen alten Türken mit Zigarette ... man gab sich alle Mühe, das Leben auf Erden möglichst umfassend aufzuschlüsseln. Neben Fotos von mathematischen Definitionen finden sich auch mehrere höchst anschauliche Darstellungen humanoider Nahrungsaufnahme.

Die Tonbeispiele enthalten unter anderem *Johnny B. Goode* von Chuck Berry und, gleich an erster Stelle, eine Ansage des Österreichers Kurt Waldheim (damals UN-Generalsekretär; seine nationalsozialistische Vergangenheit war noch nicht so bekannt).

Es ist schwer zu sagen, ob außerirdische Entschlüssler nach Durchsicht dieses Panoptikums zu einer ähnlichen Einschätzung gelangen wie

---

18 »Fernkopie«; später sprachlich verschliffen zu Telefax und verkürzt zu Fax.

die Herausgeber in Douglas Adams' *Hitchiker's Guide to the Galaxy*[19], welche die Erde als harmlos bezeichneten. Den einen oder anderen mag es beruhigen, dass die Dekodierung nicht ganz einfach wäre – zumindest für Aliens ohne Plattenspieler.

Der wurde nämlich nicht mitgeliefert. Aber immerhin zwei Tonabnehmer (falls einer beim Ausprobieren kaputtgeht) und eine Anleitung, wie der Abtaster aufzusetzen ist. Dazu die Abspielgeschwindigkeit: Punkte und Striche rund um das Plattenpiktogramm ergeben im Binärcode die Zeitangabe von 16⅔ Umdrehungen pro Minute. Die Maßeinheit ist definiert über den Faktor $0{,}7 \times 10^{-9}$ Sekunden, was jeder Außerirdische sofort als die HI-Linie erkennt, die charakteristische Radiostrahlung des neutralen Wasserstoffs.

Auch sonst hat man keine Mühen gescheut, sich nachhaltig verständlich zu machen. Die Platten sind aus vergoldetem Kupfer, bedampft mit dem Isotop Uran-238 (^{238}U). Wie jeder weiß, beträgt dessen Halbwertszeit 4468 Milliarden Jahre; eine angemessen fortschrittliche Zivilisation wird sämtliche Bestandteile der Platte mit einem Massenspektrometer untersuchen und so herausfinden, wie alt das Artefakt ist.

Die beiden Sonden sind inzwischen weit über hundert AE entfernt. Sie befinden sich zwar noch diesseits der Oortschen Wolke, ziehen aber bereits durch den laut Definition interstellaren Raum. Voyager 1 ist in Richtung Gliese 445 unterwegs und dürfte in 40.000 Jahren bis auf 1,6 Lichtjahre an den Roten Zwerg im Sternbild Giraffe herankommen. Ihre Kollegin wird dann Ross 248 im Sternbild Andromeda aus ähnlicher Distanz beehren.

Die Suche nach Signalen, welche möglicherweise von Außerirdischen stammen, ist eine mühselige Tätigkeit. Oder eine kontemplative, je nach Sichtweise; Patiencen legen ist sicher spannend dagegen. Es geht darum, in den empfangenen Daten irgendeine Art von Mus-

---

19 *Per Anhalter durch die Galaxis*, humoristische Romanserie. Fünf Bände, deutsche Erstübersetzung 1981.

ter zu erkennen, eine Serie oder einen temporären Intensitätsanstieg, etwas, das bei gutem Willen auf künstlichen Ursprung schließen lässt.

Bei welch scheinbaren Kleinigkeiten Astronomen da bereits in Begeisterung ausbrechen können, zeigt das legendäre Wow!-Signal. Im August 1977 saß der Astronom Jerry Ehman wieder einmal über den endlosen Computerausdrucken, welche die Tätigkeit des »Big Ear« in Ziffern und Buchstaben festhielten. Das besagte Radioteleskop der Ohio State University existiert nicht mehr; es wurde 1998 demontiert, heute liegt auf dem Gelände ein Golfplatz. Vier Jahrzehnte lang war es aber das Lieblingsinstrument der SETI-Forscher gewesen, und so kam es, dass Ehman auf eine Zeichengruppe stieß, die er sofort mit Rotstift umrandete. Um der Außergewöhnlichkeit des Fundes Nachdruck zu verleihen, schrieb er groß »Wow!« an den Rand.

Es handelte sich um Werte, die das Teleskop aus Richtung des Sternbildes Schütze aufgezeichnet hatte. Die Intensität wird mit Ziffern und dann mit Buchstaben dargestellt (1 = minimal, Z = maximal). Innerhalb jener 72 Sekunden, die das starre Gerät den Himmelsabschnitt im Zuge der Erddrehung überstrich, stieg die Signalstärke exakt in der Hälfte auf ein Maximum und fiel danach ebenso wieder ab: eine schmalbandige Emission, wie sie auch ein heimischer Sender abgeben würde.

Die Ursache ist nach wie vor unbekannt, das Signal konnte nicht erneut aufgezeichnet werden. Bis heute streiten die Gelehrten über Abweichungen von der HI-Linie und die anscheinend fehlende Modulation[20]. Sicherheitshalber wurde 2012 eine Antwort geschickt: Über die bewährte Arecibo-Schüssel ließ der TV-Sender des National Geographic gesammelte Twitter-Antworten aus #ChasingUFOs sowie Grüße von der Miss-Universe-2011 Leila Lopes und dem Showmaster Stephen Colbert zurückfunken.

Es bleibt zu hoffen, dass man auch diesmal auf die Relativbewegung des Zieles vergessen hat.

---

20 Auch der Komet 266P/Christensen wird verdächtigt, seit ihn der Chefwissenschaftler des Center for Planetary Science 2017 unter die Lupe genommen hat.

KAPITEL 11
PLANETEN, BEWOHNBARKEIT UND INTELLIGENZ

Bei dem Wort »Planet« assoziiert man zumindest unterschwellig so etwas Ähnliches wie die Erde. Das zeigen schon die zahllosen Darstellungen von Himmelskörpern mit und ohne Ring, mit pittoresken Sonnen (gerne auch in dieser Mehrzahl) am Firmament, fantasievoller Flora und besiedelt von intelligenten Lebewesen, die sich meist nur in der Hautfarbe (zum Beispiel grün) oder der Anzahl der Gliedmaßen (inklusive optionaler Antennen am Kopf) von uns unterscheiden ... So spaßig das im Detail gemeint sein mag, es kommt nicht von ungefähr.

Die Frage »Sind wir allein im Universum?« berührt uns ähnlich wie das Mysterium, was wohl nach dem Tod kommen könnte, weil die Antwort »Rundherum/nachher ist genau Nichts« irgendwie unbefriedigend erscheint. Giordano Bruno hatte auch das Jenseits im Universum angesiedelt, was ihn auf den Scheiterhaufen brachte. Heutige Wissenschaftler müssen nur noch den Verlust ihrer Reputation und ihres Einkommens fürchten, wenn sie sich zu weit auf das dünne Eis der Spekulation vorwagen.[1]

Man ging also daran, das menschliche Bedürfnis nach Nachbarschaft in Relation zum wissenschaftlich Möglichen zu setzen, und er-

---
1 Von Physikern der Fraktionen »Theorie« und »Quanten«, wie gesagt, abgesehen.

Kapitel 11

arbeitete eine Definition prinzipiell in Frage kommender Himmelskörper. Deren Eigenschaften werden aktuell unter dem Begriff »habitabel«, also bewohnbar respektive lebensfreundlich zusammengefasst.

Als Vorbedingung für Leben – mit dem oft zu lesenden Zusatz »... wie wir es kennen« – gilt Wasser. Ohne Wasser geht gar nichts, da waren sich die Wissenschaftler rasch einig. Unbeschadet etwaigen Vorhandenseins; auch die Erde wartete ursprünglich mit deutlich weniger H_2O auf, als wir es heute sehen. So jedenfalls die Vermutung (hier kämen dann die Kometentreffer ins Spiel). Es geht vorläufig nur um die Möglichkeit, sprich: Allfälliges Wasser muss gewissermaßen konsumierbar sein, also in flüssiger Form auf der Kruste des Himmelskörpers vorliegen.

Man hatte dabei wohl zu sehr den eigenen Planeten im Auge, wo sich das einer Berücksichtigung würdig erscheinende Leben vornehmlich an der Oberfläche tummelt. Die erste Grundbedingung lautete also: Es darf nicht zu kalt sein, sonst bliebe das Wasser gefroren, und nicht zu heiß, sonst würde es verdampfen.

So wurde der Begriff *Goldilocks zone* geprägt. Er ist einem englischen Märchen aus dem 19. Jahrhundert entlehnt[2], in dem es irgendwie um das rechte Maßhalten geht. Außerhalb des angelsächsischen Sprachraumes kann man wenig damit anfangen, weshalb wir (linkische Übersetzungen beiseite) von einer habitablen[3] Zone sprechen.

Monde eigens zu berücksichtigen, schien nicht nötig. Der Planet muss also in jenem Bereich orbitieren, wo der Zentralstern die passende Menge an Wärme abgibt. Das unterscheidet sich freilich von Sonne zu Sonne drastisch: Ein Blauer Riese feuert ganz andere Energiemengen hinaus als ein Roter Zwerg.

Letztlich bleibt also ein bestimmter Bereich rund um den jeweiligen Stern übrig.

---

[2] *Goldilocks and the Three Bears*, dt. »Goldlöckchen und die drei Bären«.
[3] Lat. *habitabilis* = bewohnbar.

Weiters sollte es eine Atmosphäre geben. Vielleicht stand auch hier das heimische Konzept der Atmung Pate; begründet wird die Anforderung heute mit der Notwendigkeit, dass eine Gashülle die energiereichsten Anteile elektromagnetischer Strahlung herausfiltert, damit sie nicht in voller Stärke bis zur Oberfläche[4] gelangt. Richtig ist, dass die meisten irdischen Lebensformen schon auf ein Zuviel an UV-Licht empfindlich reagieren. Selbst Schweine können Sonnenbrand bekommen[5], und Raumschiffe, die – etwa zum Mars – länger unterwegs sind, müssten eine dickere Hülle haben, um die Astronauten vor kosmischer Strahlung zu schützen.

Was allerdings nur daran liegt, dass die irdische Evolution eben unter den vorliegenden ökologischen Bedingungen stattfand; es gab im darwinistischen Sinne keine Notwendigkeit, unter unserer schirmenden Glocke höhere Resistenzen auszubilden. Wie man noch sehen wird, sind auch keineswegs alle heimischen Wesen so sensibel.

Die habitable Zone war jedenfalls definiert. Von den bis jetzt gut 3000 entdeckten Exoplaneten kreisen mindesten 21 Gesteinstypen in diesem vorgegebenen Bereich (bei weiteren 13 ist man sich nicht sicher, ob sie wirklich eine harte Kruste haben).

Unter der etwas chauvinistischen Voraussetzung, dass »je erdähnlicher« zugleich »umso wahrscheinlicher intelligentes Leben« bedeutet, haben sich ein paar besonders vielversprechende Kandidaten herauskristallisiert, welche Raum für diesbezügliche Gedankenspiele bieten.

Da wäre zum Beispiel Gliese 667 Cc.[6] Er umkreist einen 24 Lichtjahre entfernten Roten Zwerg im Sternbild Skorpion; die Sonne ist Teil eines Dreifachsystems, was Illustratoren zu prächtigen Abbildungen des dortigen Firmaments inspiriert. Der Planet selbst ist

---

4 Gemeint ist damit die Kruste; Gasplaneten werden bei dem Konzept a priori aussortiert.
5 Normalerweise schützen sie sich mit Schlammbädern davor. Unter den Bedingungen moderner Nutztierzucht müssen die Bauern ihre Schweine daher oft selbst einschmieren.
6 Kleinbuchstaben am Ende bezeichnen Planeten des gleichnamigen Sternsystems.

eineinhalb Mal so groß wie die Erde, 3,7 Mal so schwer und lässt sich für einen Umlauf 77 Jahre Zeit. Er ist dreimal so dicht dran an seinem Stern wie der Merkur an der Sonne; allerdings strahlt Gliese 667 C auch viel schwächer. An der Oberfläche ist es auf dem Planeten deutlich wärmer als auf der Erde, wegen der schwachen UV-Emissionen des Sterns bekommt er unter dem Strich aber ungefähr gleich viel Gesamtstrahlung ab. Der Kandidat könnte wegen der Nähe aufgehört haben, sich um die eigene Achse zu drehen[7] und seiner Sonne stets die gleiche Seite zuwenden[8] – eine anscheinend dichte Atmosphäre sollte die Temperatur dennoch etwas gleichmäßiger verteilen.

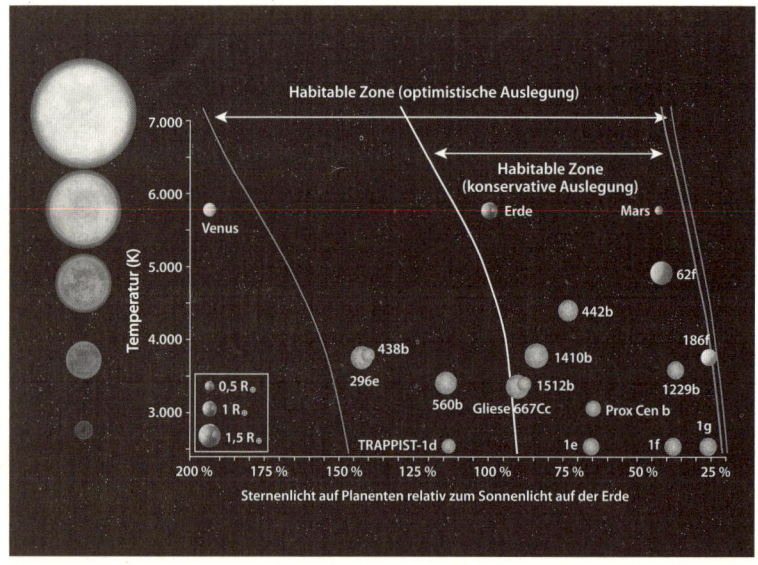

Abb. 9: Die habitablen Zonen

---

7   Relativ zum Stern, also in gebundener Rotation.
8   Wie der Mond der Erde.

Ist dort jemand? Man weiß es nicht. Unter all den ebenfalls dafür in Frage kommenden Planeten sticht besonders der gleich große Kepler 452b hervor. Er wurde 2015 entdeckt und zieht seine Bahn um einen unserer Sonne sehr ähnlichen Stern: Der Gelbe Zwerg liegt im Sternbild Schwan, rund 1800 Lichtjahre weit weg. Ob es sich bei der fernen Welt tatsächlich um einen Gesteinsplaneten handelt, ist nicht hundertprozentig sicher, aber Dichte und Größe sprechen eindeutig dafür.

In absehbarer Zeit werden wir uns nicht an Ort und Stelle davon überzeugen können; mit dem Tempo unseres bisher schnellsten Artefakts, der Sonde New Horizons, würden wir 34 Millionen Jahre bis dorthin brauchen. Hätten sich die frühesten Altweltaffen damals – als es auf der Erde noch acht Grad wärmer war als heute – mit der Pluto-Sonde auf den Weg gemacht, würden sie dieser Tage eintreffen. Es hätte ihnen auf Kepler 452b vielleicht gar nicht so schlecht gefallen. Der »Cousin der Erde«, wie er manchmal genannt wird, begrüßt den Besucher zwar mit doppelter Erdschwerkraft, aber das kann hierorts jedem Ferienfluggast passieren (heftige Turbulenzen vorausgesetzt). Flugshowpiloten der Gattung Homo sapiens halten 10 g aus; es ist nicht anzunehmen, dass 2 g die deutlich robuster gebauten Gorillavorfahren sonderlich beeindruckt hätten.

Das Klima dürfte ihnen zugesagt haben. Auf dem Planeten ist es eine Spur wärmer als heute auf der Erde, weil die dortige Sonne um 10 % intensiver strahlt. Der Cousin umkreist sie in ziemlich genau derselben Distanz, und auch das Jahr ist nur um knapp drei Wochen länger. Wie lange Tag und Nacht dauern, ist unbekannt, doch es gibt sie; für eine gebundene Rotation liegen keine Hinweise vor. Man vermutet, dass über den Himmel mehr und dichtere Wolken ziehen als bei uns.

Ob diese Ahnen Neil Armstrongs auf ihresgleichen stoßen würden, bleibt der Fantasie von Romanautoren vorbehalten. Die Bedingungen für die Entstehung von Leben müssten eigentlich ziemlich perfekt sein. Der Stern ist zudem 1,4 Milliarden Jahre älter als unsere Sonne, also hätte die dortige Evolution genug Zeit gehabt.

Planet Neun ist sicher weniger einladend. Größe und Gravitation bewegen sich zwar in vergleichbaren Regionen, aber mit freundlichem Sonnenlicht hapert es gewaltig. Auf der anderen Seite: Wer sagt eigentlich, dass Lebensformen darauf angewiesen sind?

Zieht man die hiesige Entstehungsgeschichte heran, erweist sich sogar das Gegenteil.

Es ist erst wenige Jahrzehnte her, dass in 2400 Metern Meerestiefe ein Ökosystem entdeckt wurde, welches man dort nie vermutet hätte – und das, wie die Dinge liegen, eine entscheidende Rolle bei der Entwicklung terrestrischen Lebens gespielt hat. Die Rede ist von Tiefsee-Hydrothermalquellen, anschaulich »Schwarze Raucher« genannt.

Es war am 17. Februar 1977, als das U-Boot Alvin vor den Galapagosinseln auf Tauchstation ging, um eine Wärmequelle am Meeresgrund in Augenschein zu nehmen. Das sieben Meter lange und sechzehn Tonnen schwere Vehikel (offizieller Name: DSV-2) ist selbst schon so etwas wie ein Urgestein – ist, denn es funktioniert noch immer, obwohl es bereits 1964 vom Stapel lief. Damals kostete es die US-Marine 575.000 Dollar, das wären heute vier Millionen Euro. Im Kalten Krieg suchte man damit nach einer Wasserstoffbombe, die ein B-52-Bomber verloren hatte[9]; einmal wurde das Boot von einem wütenden Schwertfisch attackiert, bei anderer Gelegenheit versank es (die Besatzung entkam) und musste aus anderthalb Kilometern Tiefe herausgezogen werden.[10]

Diesmal, 1977, hatte es gerade die NSF[11] gemietet, als die Forscher etwas fanden, wonach sie gar nicht gesucht hatten. Thermalquellen kennt unsereiner von der Erdoberfläche; wie man am Beispiel der badenden Japanmakaken sieht, schon sehr lange. Heißes Wasser

---

9 Kein Witz. Beim *Palomares incident* fielen 1966 insgesamt vier solcher Bomben vom Himmel über Spanien; drei krachten auf das Festland, eine versank vor der Küste.
10 Der medienwirksamste Einsatz Alvins erfolgte 1986, als die Titanic nach 74 Jahren wieder menschlichen Besuch bekam.
11 *National Science Foundation*, siehe Kapitel 8.

Planeten, Bewohnbarkeit und Intelligenz

sprudelt aber auch aus den unterseeischen zwei Dritteln der Kruste. Womit die neugierigen Taucher nicht gerechnet hatten, war ein dicht bevölkerter Lebensraum.

Dort unten tummeln sich – bei zwei- bis dreihundertfachem Atmosphärendruck und in ewiger Finsternis – Muscheln und Würmer, Krabben und Seesterne, von Meerespflanzen und Bakterien gar nicht erst zu reden. Offensichtlich gedeiht das Leben hier prächtig. Die Wesen haben ihren eigenen Weg gefunden, aus der Wärme Energie zu beziehen, und sie setzen im Zweifelsfalle auch eher auf CO_2 und Schwefel als auf Sauerstoff.

Was letztlich das oben beschriebene Konzept von Habitabilität einigermaßen in Frage stellt. Natürlich würden wir auf einem fremden Himmelskörper gerne einem aufrecht gehenden Wesen die Hand schütteln (oder eine ähnliche Extremität), aber – von Theorien hinsichtlich nicht-kohlenstoffbasierter Lebensformen einmal ganz abgesehen[12] – der Herr Nachbar könnte durchaus eine völlig andere Umgebung gemütlich finden als dünnes Stickstoffgas.[13]

In der Schwärze unserer Ozeane hat sich aber keine Intelligenz entwickelt, oder? Nun, lassen wir einmal z. B. die Delphine weg, die laut Hirnforschung dem Menschen kaum nachstehen. Unsere Erde ist ein begrenztes System, es könnte sehr wohl Zufall sein, dass Kultur – oder was wir dafür halten – zuerst an der Oberfläche entstand; vorläufig, im Übrigen. Der hiesige Globus hat noch 900 Millionen Jahre Zeit, und ein Kepler 452b etwa ist uns um mehr als diese Zeitspanne voraus.

Was den freien Sauerstoff betrifft, so wurden Ozeane und Atmosphäre erst nach zwei Milliarden Jahren damit angereichert, als sich Blaualgen heftig vermehrt hatten. Er war quasi ein Ausscheidungsprodukt und für die meisten damaligen Lebensformen giftig. In Folge legte das toxische Gasgemisch die Grundlage für »atmende« Landlebewesen. Des einen Leid, des andern Freud' ... die Zähigkeit und

---

12 Die Astrobiologie kennt sogar das Schimpfwort Kohlenstoffchauvinismus.
13 Die aktuelle Erdatmosphäre besteht zu 78 % aus Stickstoff.

rasche Anpassungsfähigkeit des Prinzips Leben kann man in den verstrahlten Ruinen des Tschernobyl-Reaktors bestaunen, wo nun ein schwarzer Pilz gedeiht, der die radioaktive Strahlung »frisst«.[14]

Dann gibt es noch so faszinierende Wesen wie das Bärtierchen. Es ist nur einen Millimeter lang, lebt gerne in feuchtem Moos und sieht eher aus wie eine Assel; seine »tapsigen« Bewegungen haben ihm den liebevollen Namen eingebracht. Was die Wissenschaftler nicht daran hinderte, Exemplare dieser Tardigrada unbarmherzigen Tests zu unterziehen. Man nahm ihnen das Wasser weg: Sie rollten sich zusammen und warteten auf bessere Zeiten. Wobei sie eine wesentlich größere Geduld an den Tag legten als die Tester; es ist unbekannt, wie lange Bärtierchen in ausgetrocknetem Zustand überleben können – ein Tropfen Feuchtigkeit genügt jedenfalls, sie aus dem Scheintod wiederzuerwecken.

Man verfrachtete sie an Bord von Raumsonden und setzte sie im All aus: Sie überlebten kosmische Strahlung, Druckverlust und Temperaturen nahe dem absoluten Nullpunkt unbeschadet. Bei einer Wiederholung des Experiments stürzte die israelische Raumsonde Beresheet im April 2019 auf dem Mond ab. Unser Trabant ist nun also gewissermaßen bewohnt.

Wobei sich die Forscher auf den Ausdruck Kryptobiose (etwa: »Verstecktleben«) zurückziehen müssen, um diesen Daseinszustand zu beschreiben. Bei der Pflanzenwelt haben wir uns daran gewöhnt; auch ein Getreidekorn wirkt ja nicht besonders lebendig. Man kann es jahrhundertelang im finstersten Winkel verstauen, aber kaum setzt man es in feuchten Humus, beginnt es zu sprießen. Das Dilemma mit unseren Definitionen betrifft auch die Astrobiologie; wir suchen nach Leben und können nicht einmal sagen, was das genau ist (solange man ihm nicht quasi die Hand schütteln kann).

---

14 Stichwort: Radiotrophe Pilze. Im Laborversuch blühen z.B. *Wangiella dermatitidis* oder *Cryptococcus neoformans* unter »tödlicher« Strahlung erst richtig auf.

Planeten, Bewohnbarkeit und Intelligenz

In dieser Hinsicht könnte Planet Neun – rein theoretisch – ähnliche Überraschungen bereithalten wie Europa. Nicht, dass man auf diesem Jupitermond bisher Leben gefunden hätte. Aber bei einer Durchsicht der Galileo-Daten zeigte sich, dass die Raumsonde im Jahr 2001 offenbar durch jene kilometerhoch aufschießenden Wasserfontänen geflogen war, welche schon das Hubble-Teleskop registriert hatte.

Monde wurden, von unserem eigenen abgesehen, lange Zeit stiefmütterlich behandelt. Was sollte dort schon los sein? Nun, eine ganze Menge, wie man an Europa sieht. Der Trabant ist eine Spur kleiner als unserer, aber äußerst aktiv. Offenbar wird er von der Jupitergravitation so kräftig durchgewalkt, dass die dabei entstehende Wärme einen unter der Eiskruste verborgenen Ozean flüssig hält. Genauer gesagt umschließt dieses Meer den gesamten Mond, und es ist über hundert Kilometer tief[15]. Es sind gerade zwei weitere Missionen in Vorbereitung: 2022 soll die ESA-Sonde JUICE losfliegen, und bald darauf der Europa Clipper der NASA. Es gibt zudem Pläne für Landeeinheiten, die sich durch die Eiskruste schmelzen und das verborgene Meer in Augenschein nehmen sollen.

Beim Saturnmond Enceladus hat man schon genauere Vorstellungen, was sich in den Tiefen abspielt. Er ist zwar mit fünfhundert Kilometern Durchmesser vergleichsweise ein Winzling, weist aber sogar eine Atmosphäre auf – aus Wasserdampf, wie die Cassini-Sonde 2005 feststellte. Da der Mond zu wenig Masse hat, um das Gas zu halten, verflüchtigt es sich stetig ins All und bekommt zugleich Nachschub aus dem Inneren.

Enceladus besteht jenseits des Kerns praktisch zur Gänze aus Wasser. Die Kruste ist gefroren, der Rest jedoch flüssig. Am Grund des Ozeans dürften sich von Magma gespeiste Thermalquellen befinden, welche Schlote ausbilden, wie wir sie bei uns von Schwarzen Rauchern kennen. Die Temperaturen können zwar nicht mit den hiesigen

---

15 Zum Vergleich: Die durchschnittliche Meerestiefe auf der Erde beträgt 3,8 Kilometer; der tiefste Punkt (im Marianengraben) bringt es auf 11 km.

mithalten, aber das Leben ist erfinderisch; gut möglich, dass sich dort ein paar fröhliche Mehrzeller herumtreiben.

Dann wäre da noch der Neptunmond Triton, etwas kleiner als Europa, mit seinen aktiven Geysiren (Wasser) und einer Stickstoffatmosphäre ... genug der Träumereien. Tatsächlich können wir noch nicht einmal sagen, ob es z. B. auf der Venus Leben gibt.

Die Venus? Mit 460 Grad Oberflächentemperatur, wo es Schwefelsäure regnet und der Atmosphärendruck 90 Bar[16] beträgt? Stimmt, auf der Kruste dürften es sogar Bärtierchen ungemütlich finden. Bislang ist es nur den Russen gelungen, Sonden dort hinunterzubringen – in den 1970ern. Die Lander der Venera-Serie hielten bis zu zwei Stunden durch, ehe die Instrumente geröstet waren.

Andererseits dürfte die »böse Schwester der Erde« ein paar Milliarden Jahre lang recht ähnlich wie unsere Heimat ausgesehen haben, mit Ozeanen, die zwei Drittel der Oberfläche bedeckten. Beste Voraussetzungen für die Entstehung von Leben also; ob es sich in irgendeiner Form gehalten hat, ist eine andere Frage. Oberhalb der Wolkendecke, in fünfzig Kilometern Höhe, herrschen jedenfalls erdähnliche Umweltbedingungen.

Was einige Firmen unlängst auf die Idee brachte, eine Fantasie des US-Schriftstellers Geoffrey Landis[17] aufzugreifen, der von schwebenden Städten auf der Venus träumt. Technisch wäre das Vorhaben im Prinzip realisierbar, und sicher ein gutes Geschäft. Bei Spekulationen darüber, ob die Luft dort sogar atembar ist, sollte man sich keinen allzu großen Hoffnungen hingeben – falls ja, würde sie erbärmlich nach faulen Eiern stinken.

Was die Kolonisierung fremder Himmelskörper betrifft, erfreut sich unser Mond gerade wieder steigenden Interesses. Zum einen plant ein internationales Konsortium von Weltraumagenturen (NASA, ESA, Roskosmos, JAXA und CSA; also USA, Europa, Russland, Japan

---

16   Das entspricht dem Druck in 900 Metern Wassertiefe.
17   Der studierte Physiker arbeitet für die NASA.

und Kanada) den Bau einer Weltraumstation im dortigen Orbit. Der Lunar Orbital Platform-Gateway soll als Ausgangspunkt für bemannte Missionen im Sonnensystem dienen.

Zum anderen sollen auch Habitate auf der Oberfläche entstehen. Die Planungen dafür sind schon erstaunlich weit gediehen. Elon Musk konzentriert sich ja auf den Mars, aber der Amazon-Milliardär Jeff Bezos spielt mit seinem Raumfahrtunternehmen Blue Origin ebenfalls mit und würde sich über Stationen auf dem Mond freuen, die er beliefern kann. Unterstützung bekam er im März 2019 von Vizepräsident Mike Pence, der die NASA aufforderte, im Rahmen des Artemis-Programms eine Mondbasis zu bauen.

Nun hat unser Trabant bekanntlich keine schützende Atmosphäre, weshalb ein längerer Aufenthalt an der Oberfläche für Menschenwesen ungesund ist (Stichwort kosmische Strahlung), Raumanzug hin oder her. Außerdem schwanken die Temperaturen zwischen -160 und +130°C. Gebäude, in denen man sich frei bewegen kann, müssten dicke – und entsprechend teure – Hüllen aufweisen. Aktuell sind hingegen Konzepte sehr beliebt, die an Ort und Stelle eine Art Luftballon planen, nach dem Vorbild von aufblasbaren Festzelten. Das kostet nicht viel, und die Unterkunft fände zusammengefaltet in einer kleinen Transportkapsel Platz.

Eine Idee war, diese Habitate mit Mondstaub (Regolith) zuzuschütten, der ja in reichlicher Menge vorhanden ist. Etwas zweckmäßiger erscheint der Vorschlag, sich auf die Vorgehensweise unserer steinzeitlichen Altvorderen zu besinnen und eine Höhle zu suchen. Der Mond weist weitläufige Systeme dieser Art auf; 2017 fand die JAXA einen Unterschlupf im Marius-Krater, der mit hundert Metern Breite und fünfzig Kilometern Länge ausreichend Gestaltungsspielraum böte.

Seit man entdeckt hat, dass sich an den Polen unter der staubigen Oberfläche gewaltige Wassereisvorkommen befinden, konzentrieren sich die Pläne aber auf jene Regionen. Es wäre nicht nur die Flüssigkeitsversorgung der Siedler sichergestellt, sondern auch ein Grund-

Kapitel 11

material für Raketentreibstoff. In der Schweiz ging man die Herausforderung 2019 mit uhrmacherischer Präzision an: Beim Projekt Igluna[18] wetteiferten zwanzig europäische Studententeams darin, den Nachweis zu erbringen, dass man eine Eishöhle besiedeln kann. Bedingung war, dass die Habitathülle in die Matterhorn-Seilbahngondel passte; danach installierten die angehenden Akademiker ihre Konstruktionen im »Gletscher-Palast«.

Für den Mars wird noch deutlich mehr Aufwand getrieben. Was auch insofern logisch erscheint, als der Rote Planet das nächstgelegene Ausweichquartier darstellen wird, wenn sich die Sonne immer weiter aufbläht – zumindest für eine gewisse Zeit, bis er selbst an die Reihe kommt.

Von der längeren Anfahrt abgesehen (im günstigsten Fall das 150-Fache[19]), sind die Bedingungen dort besser als auf dem Mond. Wobei an dieser Stelle ein paar Klarstellungen angebracht scheinen. Wer sich von unterhaltsamen Filmen wie *Der Marsianer* ein Bild gemacht hat, wäre enttäuscht. Ja, es gibt regelmäßig Stürme, die mit hundert km/h roten Staub aufwirbeln und damit den ganzen Planeten wochenlang einhüllen; was aber hauptsächlich an der sehr dünnen Atmosphäre liegt. Bei 1,2 % der irdischen Dichte könnte man im schönsten Orkan nicht einmal einen Drachen steigen lassen.

Soweit die gute Nachricht. Die schlechte: Am Mars ist die Gravitation zwar doppelt so hoch wie auf dem Mond, aber immer noch um zwei Drittel niedriger als auf der Erde. Jeder forsche Schritt würde einen meterweit tragen, und der menschliche Organismus kommt mit der fehlenden Belastung auf Dauer nicht gut zurecht. Die rötlichen Gesichter der ISS-Astronauten zeigen, dass das Herz zu viel Innendruck aufbaut, und Knochen- sowie Muskelbildungsrate gehen zurück.

---

18 Ein geistreiches »Kofferwort« aus *Iglu und Luna*.
19 Selbst der notorisch zuversichtliche Elon Musk veranschlagt dafür mindestens 80 Tage Flugzeit.

Letzteres kann man vernachlässigen, falls kein Rückflug geplant ist. Immerhin reicht die Anziehungskraft, um den Einsatz von 3D-Druckern zu ermöglichen. Mit dieser neuen technischen Errungenschaft sollen am Mars nicht bloß Werkzeugteile hergestellt werden, sondern gleich ganze Gebäude.

2019 veranstaltete die NASA ihre *3D-Printed Habitat Challenge*. Jeder, der sich berufen und befähigt fühlte, war aufgefordert, seine Vorstellung von Häusern-aus-dem-Drucker einzureichen. Am Ende wurden zwei Millionen Dollar an Preisgeldern ausbezahlt, und die prämierten Projekte sehen allesamt entsprechend modern aus: Ecken, Kanten oder gerade Linien waren sichtlich unter der Würde der Bewerber.

Der durchaus sinnvolle Plan lautet in jedem Fall, erst Scharen von autonom funktionierenden Maschinen hinaufzuschicken – vorzugsweise als vernetzungs- und verbindungsfähige Einzelmodule –, die ausschwärmen und den Marssand gemäß Programmierung zu Gebäuden schmelzen. Wenn die Rohbauten drei Jahre später stehen, kommen die Mieter nach und richten sich im Detail ein.

Hinsichtlich der Wasserversorgung verlässt man sich auf unterirdische Eisvorkommen, die es laut jüngster Sondendaten reichlich gibt. Treibhäuser werden für die Ernährung sorgen, und künstliche Biotope für die trübe Wüstenaussicht entschädigen. Die Frage, woher der Strom aus der Steckdose kommen soll, hat in jüngster Zeit einer Branche neuen Auftrieb gegeben, die seit Tschernobyl und Fukushima eigentlich im geächteten Winkel steht: Die Lösung ist Kernenergie.

Der Plan lautet, sozusagen Kleinstkraftwerke für den Hausgebrauch bereitzustellen. Das Projekt »Kilopower« läuft unter der Ägide von NASA und NNSA[20] seit 2015. Die Reaktoren arbeiten mit dem natürlichen (= nicht angereicherten) Isotop Uran-235 und bilden einen Verbund mehrerer Einheiten, die ein wenig aus-

---

20 Die *National Nuclear Security Administration* (Nationale Nuklearsicherheitsbehörde) gehört zum US-Energieministerium.

sehen wie überdimensionale Cocktailschirmchen: Die runde, sechs Meter breite Titanplatte oben leitet überschüssige Hitze ab und bewahrt die dreieinhalb Meter hohe, schlanke Reaktorsäule vor Mikrometeoritentreffern. Die gewonnene Wärme wird über ein mit flüssigem Natrium gefülltes Rohrsystem weitergeleitet; als Pumpen fungieren Stirlingmotoren.[21]

Wenn in der Raumfahrt Kernenergie zum Einsatz kommt, nimmt man normalerweise Radionuklidbatterien, auch Radioisotopengeneratoren (RTG) genannt. Ein Radionuklid ist ganz einfach ein instabiles Atom, das von selbst zerfällt und dabei Strahlung abgibt; in Frage kommt hier alles Mögliche, von Kobalt über Plutonium bis Americium. So eine Batterie, wie sie zum Beispiel in der Cassini-Sonde oder den Marsrovern (mit Plutonium-238) verbaut wurde, ist kein Reaktor. Es gibt keine Kernspaltung samt Kettenreaktion, die Geräte nutzen bloß die beim Zerfall austretende Wärme: entweder direkt als Heizung oder indem sie die thermische Energie in Strom umwandeln.

Der Wirkungsgrad ist entsprechend schlecht, die Effizienz liegt bei drei bis acht Prozent. Der RTG des Curiosity-Rovers lieferte gerade einmal 110 Watt – am Anfang, die Leistung nimmt stetig ab. Mit solchen Dingern kann man kein Habitat betreiben. Photovoltaikanlagen (Solarmodule) sind zwar inzwischen etwas besser, aber realistische fünfzehn Prozent erreichen sie auch nur unter optimalen Bedingungen. Und die sind bei sich drehenden Planeten selten; in der Nacht braucht man sich über den Einfallswinkel keine Gedanken mehr zu machen, dann müssten tagsüber aufgefüllte Stromspeicher herhalten – insgesamt ein enormer Aufwand an Material und Gewicht, der angesichts der Kapazität von Transportraketen völlig unpraktikabel wäre.

Also haben sich die Techniker am Los Alamos National Laboratory den Kilopower-Reaktor einfallen lassen. Wie der Name (grch. *chílioi* = tausend) schon sagt, ging man es für ein Kraftwerk bescheiden an. Der

---

21 Die Kraftmaschine wurde schon 1816 erfunden; sie funktioniert quasi von selbst durch den Wärmeaustausch.

2018 nach langwierigen Tests vorgestellte Prototyp lieferte immerhin die versprochenen 1000 Watt. Ein fertiges Schirmchen soll dereinst die zehnfache Leistung haben. Dass es dann zwei Tonnen auf die Waage bringt, wird sich heftig im Treibstoffverbrauch der Zulieferer niederschlagen; was künftige Kolonisten über die Entsorgungsfrage denken – die Lebensdauer der Aggregate wird auf fünfzehn Jahre veranschlagt –, fällt quasi unter »Darüber reden wir später«.

Das Thema Umweltschutz steht in der Raumfahrt verständlicherweise nicht besonders weit oben auf der Prioritätenliste. Bei dem um 1960 aktuellen Orion-Projekt hatte man das Problem der nötigen Anfangsgeschwindigkeit von der Erde aus startender Raketen bereits gelöst: Der sogenannte Pulsantrieb hätte genug Schub geliefert, um zweihundert Passagiere samt tonnenweise Nutzlast in zwei Wochen zum Mars zu befördern. Dagegen klingen Musks jüngste Versprechungen wie die Ankündigung einer Fahrt mit der Dampflok.

Der Schönheitsfehler bei dem (technisch jederzeit realisierbaren) Konzept: Zwecks Vortrieb werden hinter dem Raumschiff Atombomben gezündet. 1965 wurde das Projekt eingestellt. Eine Menge Erdbewohner hatten sich triftige Gedanken über radioaktiven Fallout gemacht; der Hauptgrund für die Stornierung war letztlich das Moskauer Atomteststoppabkommen[22] von 1963.

Tatsache ist, dass der Mensch bei seiner Erkundung unbekannter Regionen neben Flaggen vor allem Müll hinterlässt. Das war am Südpol so, das ist am Mond so, und das wird auf Planet Neun ziemlich sicher nicht anders sein. Ob Abfall ein Zeichen von Intelligenz ist, wird je nach Sichtweise unterschiedlich bewertet. Bei Ausgrabungen auf der Erde liefern antike Senkgruben unschätzbare Hinweise auf die Lebensgewohnheiten der früheren Bewohner.

---

22 Der *»Vertrag über das Verbot von Kernwaffenversuchen in der Atmosphäre, im Weltraum und unter Wasser«* war ein Schachzug im Kalten Krieg. (Pakistan hat ihn zwar mit 25jähriger Verzögerung auch unterzeichnet, aber bis heute nicht ratifiziert.)

Kapitel 11

Unerschrockene SETI-Adepten wie der britische Physiker und Schriftsteller Paul Davies finden nach wie vor, dass man am Mond nach Artefakten verschollener Zivilisationen suchen sollte. Wieso urzeitliche Außerirdische den kahlen Trabanten dem benachbarten blauen Planeten vorzogen, bliebe dann noch zu klären. Aktuell würde ein neugieriger Alien dort oben vielleicht Bärtierchen finden – und sich fragen, wie diese kleinen Wesen wohl einen Sack voller merkwürdiger Objekte hergestellt hatten.[23] Noch mehr dürfte sich der Außerirdische über eine vierrädrige Konstruktion wundern. (Ein alter Witz lautet: Die Amerikaner haben zwei brauchbare Autos gebaut. Eines war der Jeep, und das andere steht am Mond.)

Kulturbedingte Hinterlassenschaften sind nicht nur hinsichtlich der Erdoberfläche zum Thema geworden. Beim Wettlauf ins bis dato müllfreie All konnte es den damaligen Supermächten gar nicht schnell genug gehen. Es galt, die ideologische Überlegenheit des jeweils eigenen Gesellschaftssystems unter Beweis zu stellen – Kapitalismus versus Kommunismus – und sich nebenbei rechtzeitig auf einem möglichen Kriegsschauplatz zu positionieren. Wie man weiß, hatte die UdSSR die längste Zeit die Nase vorn.

Am 4. Oktober 1957 konnte die verblüffte Öffentlichkeit plötzlich kurze Funksignale auf 20 und 40 MHz empfangen: Sie gaben Informationen über Druck sowie Temperatur in dreihundert Kilometern Höhe durch und stammten von Sputnik 1, dem ersten menschengemachten Objekt in der Erdumlaufbahn. Der russische Satellit war eine Kugel mit 60cm Durchmesser, und der Sender hatte eine Leistung von einem Watt. In den USA löste das kleine Ding den »Sputnik-Schock« aus, der zur Gründung der NASA führte.

Ein gutes halbes Jahrhundert später hat sich die Situation dort oben drastisch verändert. Im Moment umkreisen mehr als zweitausend Satelliten den Planeten, für Funk, Fernsehen und im Sinne militärische

---

23 Armstrong und Aldrin entsorgten 1969 ihren Müll im Mare Tranquillitatis, um in der Kapsel Platz für die entnommenen Bodenproben zu haben.

Interessen. Mit dem Projekt Starlink will Elon Musk bis 2027 weitere 12.000 Stück hinzufügen – und das sind nur die vorläufig behördlich genehmigten; insgesamt sollen über 40.000 Sende-/Empfangseinheiten Breitband-Internet global erhältlich machen.

Angesichts des zur Verfügung stehenden Platzes wäre das kein Grund zur Aufregung. In fünfhundert Kilometern Höhe kämen dann unter dem Strich 70 Satelliten (im Schnitt einen Meter groß) auf eine Fläche wie ganz Deutschland. Selbst wenn man all die ausgebrannten Raketenstufen und sonstige Wracks hinzurechnet, die dort noch in ganz unterschiedlichen Höhen herumtrudeln, müsste ein Raumfahrer längere Zeit in der Region kreuzen, um eines davon zu Gesicht zu bekommen.

Unbrauchbar gewordene Satelliten werden Richtung Atmosphäre gelenkt, wo sie das gleiche Schicksal erwartet wie steuerlose Objekte – sie verglühen in den oberen Luftschichten, weil sie bei dem Tempo die Reibung genauso wenig überstehen wie natürliche Sternschnuppen.

Meistens jedenfalls. Am 12. Juli 1979 krachte mit gleißendem Lichtblitz und Überschallknall ein 45-Kilo-Bruchstück vor die Füße der erstaunten Bewohner Esperances, einer westaustralischen Kleinstadt. Sonstige Reste der US-Weltraumstation Skylab[24] sammelte man später in Vorgärten und von den Hausdächern. Im Jahr davor hatten die Russen die Kontrolle über ihren Wettersatelliten Kosmos 954 verloren; die Trümmer regneten über Kanada herunter[25], das die Sowjetunion danach auf sechs Millionen Dollar für die Entsorgung des radioaktiven Materials verklagte.

Was derzeit den Weltraumbehörden wirkliche Sorgen macht, sind die kleinen Bruchstücke. Laut dem Orbital Debris Program Office der NASA fliegen dort oben über 170 Millionen Schrotteilchen mit weni-

---

24 Gestartet 1973, Masse 40 Tonnen. Die Station diente unter anderem als Andockstelle für Apollo-Schiffe.
25 Das betroffene Gebiet war ein 600 Kilometer langer Streifen in den Northwest Territories. Die winterlichen Bergungsarbeiten gestalteten sich trotz US-Hilfe schwierig.

ger als einem Zentimeter Durchmesser herum, dazu 670.000 Stücke kleiner als zehn Zentimeter, und 29.000 »größere«.

Wo sie herkommen? Zum Beispiel von Unfällen. Im Februar 2009 stieß ein seit zehn Jahren steuerloser Kosmos-2251-Satellit russischer Provenienz mit einem Kollegen der US-Firma Iridium zusammen. Resultat: über 100.000 Scherben. Zwei Jahre vorher hatten die Chinesen den bisher größten fliegenden Trümmerhaufen verursacht, weil sie der Welt zeigen wollten, wie gut ihre neueste Mittelstreckenrakete funktionierte. Sie schossen einen ihrer eigenen (ausgemusterten) Satelliten ab; das ergab ein Plus von 40.000 Relikten mit mehr als einem Zentimeter Durchmesser sowie schätzungsweise ein paar Millionen kleinerer Brösel.

Das Problem bei den Teilen ist, wie bereits früher erwähnt, ihre Geschwindigkeit. Sie zischen mit zehntausenden km/h durch die Gegend, was bei einer Begegnung recht unangenehme Folgen haben kann. Ein wenige Gramm schwerer Splitter wirkt dann wie ein halbes Kilo TNT – genug, um jede Raumkapsel zu zerlegen. Die Internationale Raumstation ISS muss regelmäßig Ausweichmanöver fliegen; im Januar 2013 demolierte die chinesische Wolke einen russischen Kleinsatelliten und warf ihn aus der Bahn.

Ein Ende ist nicht abzusehen. Selbst Nationen, von denen man eigentlich meinen sollte, dass sie andere Sorgen haben, wollen im Orbit präsent sein. Im April 2013 nahm eine Trägerrakete vom Typ Langer Marsch[26] neben einem türkischen Amateurfunkrelais[27] auch den ersten ecuadorianischen[28] Satelliten mit hinauf. Kaum ausgesetzt, wurde Letzterer von den Überresten einer russischen Rakete gestreift und streunt seitdem auf eigene Faust herum.

---

26 Die Volksrepublik China ehrt mit dieser Bezeichnung ihren Großen Vorsitzenden (im »langen Marsch« führte Mao Tse-tung anno 1935 eine Gruppe der Roten Armee quer durch das Land, was nur zehn Prozent der Soldaten überlebten).

27 *TurkSat-3USat*, gebaut an der Technischen Universität Istanbul.

28 Ecuador zählt zu den ärmsten Ländern der Welt, ein Viertel der Bevölkerung lebt unter der Armutsgrenze.

Genug davon, die Liste ließe sich noch lange fortsetzen. Menschliche Intelligenz steht nicht immer im Einklang mit hehren Prinzipien, und manchmal scheint sie auch dem Selbsterhaltungstrieb zuwiderzulaufen. Inwieweit Rückschlüsse auf außerirdische Intellekte zulässig sind (und wenn ja, ob das erfreulich wäre), fällt in die Kompetenz der Philosophen.

Die aktuelle Frage lautet, welche Begehrlichkeiten ein sensationeller neuer Planet wecken wird – und wie die Folgen aussehen.

KAPITEL 12
PLANET NEUN ALS NUTZUNGSOBJEKT

Als die Landmassen der Erde noch weit davon entfernt waren, zumindest in ihren Umrissen lückenlos kartographiert zu sein, gestaltete sich die virtuelle Inbesitznahme recht unkompliziert. War die beschwerliche Anreise einmal geschafft, genügte es im Prinzip, wenn der Anführer vor Zeugen (aus seiner Begleitschaft) erklärte, die bislang unbekannte Gegend – es konnte gerne ein ganzer Kontinent sein – im Namen des Königs, der seine Fahrt bezahlt hatte, zu beanspruchen.

Eventuell Ortsansässige wurden ganz unbürokratisch nicht nach ihrer Meinung gefragt, respektive – im Falle etwaiger Einsprüche – merkantil (die legendären Glasperlen) überzeugt. Wenn das nicht funktionierte, half man mittels Waffen nach.

Es ging um Prestige sowie wirtschaftliche Interessen, und daran hat sich bis heute nichts geändert. Hinsichtlich unbesiedelten Territoriums ist die Antarktis ein schönes Beispiel für die Vorgehensweise des Homo sapiens. Es fängt bereits mit dem Begriff »besiedelt« an, der sich hierorts auf Menschen bezieht. Na, soll man denn Pinguine und Robben um ihr wertes Einverständnis bitten? Das zugrundeliegende Verständnis von Intelligenz könnte sich auf fremden Himmelskörpern als problematisch erweisen ... wie auch immer, man hat es bis heute nicht geschafft, sich über die Ansprüche auf den Südpol zu einigen.

Wem die Meere oder der Luftraum (einschließlich abgelegener Atmosphärenschichten) gehören, ist ebenfalls ein Dauerthema. Theoretisch »allen«, aber wo wessen Hoheitsgebiet endet, wird noch Generationen von Anwälten aller Nationen ein sicheres Einkommen bescheren. Bei der »Eroberung« des Weltraums wurde die Frage virulent. Gehört der Mond den Amerikanern, wenn zwei ihrer Staatsbürger dort die Flagge aufstellen?

Anekdote, nebenbei: Das Ding wollte nicht halten. Die Ingenieure hatten zwar daran gedacht, das Banner mittels oberer Querstrebe zu heben – auf dem Trabanten weht kein Wind, der es malerisch entfalten könnte –, aber die Bodenkonsistenz nicht berücksichtigt. Aldrin und Armstrong plagten sich wie Touristen am Sandstrand, die Hauptstange zu verankern. Ein Anruf des Präsidenten stand unmittelbar bevor. Nichts wäre in diesem historischen Moment, der per Filmübertragung weltweit ausgestrahlt wurde, peinlicher gewesen als das Bild zweier würdevoller Astronauten, hinter denen die Flagge langsam umfällt. Wie man weiß, ging alles gut. Erst beim Start der Fähre kippte das Symbol in den Mondstaub, wo es heute noch liegt.

Internationale Komplikationen rief die Sache ohnehin keine mehr hervor, weil die Großmächte bereits 1967 den Weltraumvertrag aufgesetzt hatten. Die vollständige Überschrift des Dokuments lautet: *»Vertrag über die Grundsätze zur Regelung der Tätigkeiten von Staaten bei der Erforschung und Nutzung des Weltraums einschließlich des Mondes und anderer Himmelskörper«*.

Darin wird sinngemäß festgehalten, dass niemand alleinigen Anspruch auf astronomische Objekte erheben darf. Die redlich anmutende Bescheidenheit hatte zum Ziel, eine Eskalation des Kalten Krieges zu verhindern. Es darf also jeder landen, und Nukleartests sind verboten. Was er aber dann dort sonst so alles unternehmen darf, wurde nicht geregelt; an die Möglichkeit, dass dereinst Hinz und Kunz überall aufkreuzen könnten, hatte man verständlicherweise nicht gedacht.

Was zu dem abwegig klingenden Problem führt, wie hinsichtlich des Erwerbs von Grundeigentum im All zu verfahren ist. In Artikel 11 / Absatz 3 des UN-»Übereinkommens zur Regelung der Tätigkeiten von Staaten auf dem Mond und anderen Himmelskörpern« heißt es zwar: »*Weder die Mondoberfläche noch der Monduntergrund noch ein Teil davon oder dort befindliche Naturschätze werden Eigentum eines Staates, einer internationalen zwischenstaatlichen oder nichtstaatlichen Organisation, einer nationalen Organisation oder eines nichtstaatlichen Rechtsträgers oder einer natürlichen Person.*« Der Schönheitsfehler: Unter den 21 Unterzeichnerstaaten finden sich weder die USA noch Russland oder China (seitens der Europäer haben auch bloß Belgien, Frankreich und Holland unterschrieben).

Der Hintergrund ist die Privatisierung der Raumfahrt. Noch vor wenigen Jahren hätte man es angesichts der Kosten und nötigen Kompetenzen für unwahrscheinlich gehalten, dass nichtstaatliche Unternehmen hier ernsthaft tätig werden könnten. Doch dann war die NASA – die wegen nichtmilitärischer Ausrichtung immer schon um ihr Budget kämpfen musste – gezwungen, diverse Geschäftsbereiche auszulagern.

Allen Spöttern zum Trotz schafften es Unternehmen wie SpaceX tatsächlich, indem sie zum Beispiel auf wiederverwendbare Raketen setzten; Musks Firma versorgt mittlerweile die ISS. Man kann davon ausgehen, dass dort, wo sich ein ökonomischer Wille regt, auch ein Weg gefunden wird. Kleine private Firmen profitieren von ihrer Flexibilität, weil sie keine Heerscharen an Bediensteten koordinieren müssen. Das ergibt geringe Personalkosten und rasche Fortschritte, da sich allenthalben Sponsoren finden, die bereit sind, mit fantastisch anmutenden Summen[1] auf ungewisse Ergebnisse zu spekulieren.

Überhaupt scheint der Weltraum die neueste Spielwiese für Schwerreiche zu sein, die nicht wissen, was sie mit ihrem Geld anfangen sollen. Juri Milner[2] und Jeff Bezos hatten wir schon. Der 2018

---

1 Es gibt zur Zeit schätzungsweise fünfzig Mal so viel Geld wie Gegenwert auf der Welt (= alle Waren, Dienstleistungen, Bodenschätze etc. zusammengerechnet). 98 % dieses Tauschmittels sind also de facto wertlos. Die globale Wirtschaft funktioniert nur deshalb noch, weil alle an den Wert virtueller Ziffern glauben.

2 Neben seinem Engagement für Aliens betreibt er die Firma »Planet«. Dort baut man Kleinsatelliten zur Erdbeobachtung, über hundert Stück davon fliegen schon im Orbit. Die Daten werden an Vermessungsfirmen und Bauern verkauft – sowie an Regierungen.

Kapitel 12

verstorbene Microsoft-Mitbegründer Paul Allen baute mit seiner Firma »Stratolaunch« ein Trägerflugzeug für Raketen, der Investor Mark Cuban[3] will mit seinem (dem weltgrößten) Metall-3D-Drucker Raketen herstellen; der 1999 von der Queen zum Ritter geschlagene Musikhändler Richard Branson möchte mit »Virgin Galactic« / »Virgin Orbit« Touristen bzw. Satelliten in die Umlaufbahn befördern[4], während die Google-Köpfe Larry Page und Eric Schmidt mit »Planetary Resources« Raumfahrzeuge zum Bergbau auf fremden Himmelskörpern entwickeln.

Noch müssen Unternehmen, die eine Rakete ins All schießen, sich dafür bei der Regierung ihres Landes eine Genehmigung holen. Es geht dabei um Haftungsansprüche, wenn jemand etwas demoliert – Satelliten, zum Beispiel, oder die Atmosphäre. Rechtlich geklärt ist hier jedoch in Wahrheit so gut wie gar nichts, weil jeder Staat sein eigenes Süppchen kocht.

Was wollen die alle eigentlich dort oben?

Sehr einfach: Renommee und Verdienst, wie immer schon. Dass die Bodenschätze eines physisch begrenzten Himmelskörpers wie der Erde eo ipso gleichfalls begrenzt sind, hat sich inzwischen sogar bei jungen Hedgefondsmanagern herumgesprochen. Die Konsequenz lautet: Wir holen das Zeug von woanders, quasi wie im 16. Jahrhundert die Spanier das Gold aus Mexiko.

Asteroiden wecken hier konkrete Begehrlichkeiten. Sie sind (vermutlich) reich an seltenen Erden und Edelmetallen. Es gibt gut ausgearbeitete Konzepte, mit Schürfrobotern die Bodenschätze fremder Objekte auszubeuten; falls nötig, wird der Abbaukandidat vorher umdirigiert, bis er in bequemer Reichweite ist.

Man meint das ernst. Die NASA investierte 2014 über hundert Millionen Doller in das Projekt New Asteroid Initiative; das Vorhaben,

---

3 Der hierzulande eher unbekannte US-Amerikaner gründete eine IT-Firma, verkaufte sie für 6 Millionen Dollar, kaufte eine Baseballmannschaft, verkaufte sie für 285 Millionen Dollar, und so weiter.

4 Die Tests seiner Flugapparate – letzter Absturz: Oktober 2014 – kosteten bislang vier Tote.

mittels Greifarm-Sonden große Bruchstücke heranzuholen, wurde drei Jahre später aus Geldmangel fallengelassen. Anderswo ist man weniger verzagt: 2018 präsentierten Forscher vom National Space Center der Chinese Academy of Sciences einen Plan, wie man gleich das ganze Objekt mitnimmt. Mehrere Sonden sollen ausschwärmen und eine Art Netz um den Asteroiden werfen. Damit er beim Eintritt in die Erdatmosphäre nicht verglüht, legen sie ihm noch einen passenden Hitzeschild an (entwickelt am Qian Xuesen Laboratory for Space Technology).

In Weltregionen, wo man Dinge wie Naturschutz berücksichtigen muss, argumentieren potentielle Betreiber mit der interessanten Logik, dass Coltan und ähnliche unverzichtbare Bestandteile moderner Kommunikationsgeräte bei uns unter fragwürdigen Bedingungen geschürft werden.

Um Bergbau – auf welche Art immer – zu betreiben, muss man jedenfalls erst einmal offiziell Land erwerben, egal, wo es liegt; erst das Besitzrecht eröffnet die Möglichkeit, dort herausgeholtes Material auch zu verkaufen. Bei fremden Himmelskörpern steht das eigentlich in direktem Widerspruch zum Weltraumvertrag. Doch Papier ist geduldig. Im November 2015 unterschrieb Präsident Obama den vom Kongress vorgelegten »*Commercial Space Launch Competitiveness Act*«. Er gestattet es US-Amerikanern, sich nach Gutdünken im Weltraum zu bedienen.

Lohnende Parzellen kann man international längst kaufen; nicht nur windige Zertifikate für Mondgrundstücke, sondern mit beglaubigten Eigentumsrechten. Neben den USA hat inzwischen auch Luxemburg nationale Genehmigungen für den Abbau von externen Ressourcen vergeben, die Vereinigten Arabischen Emirate wollen demnächst nachziehen.

Die Weichen sind gestellt. Während die USA etwa ihre Entscheidung, die Cassini-Sonde in der Saturnatmosphäre verglühen zu lassen, medienwirksam damit begründeten, sie könnte sonst auf einen der Monde stürzen und dort mögliche Lebensformen kontaminieren, teilen Firmen den Weltraum – weitestgehend unbemerkt – unter einander auf.

Nun gut, aber Planet Neun ist (abgesehen von der Kleinigkeit, dass man ihn noch gar nicht gefunden hat) weit weg, die Entfernung beträgt mindestens das Doppelte der Distanz zu seinem Namensvorgänger. Ist es da nicht buchstäblich weit hergeholt, darüber nachzudenken, wer dort vielleicht Bergbau betreiben will?

Ja und nein. Sicher, Mond, Venus, Merkur oder Mars liegen wesentlich näher. Man darf aber nicht vergessen, dass die wirtschaftliche Ausbeutung des Weltraums ein blutjunges Geschäftsfeld ist, das erst in den letzten Jahren aufgrund des technischen Fortschritts lukrativ erscheint, nicht zuletzt dank der Wiederverwendbarkeit leistungsstarker Trägerraketen.

Der Mond fällt quasi aus, weil er doch allzu explizit im Weltraumvertrag genannt wird. Der Mars wird, mit all den Besiedelungsplänen, schon fast als »Ausweicherde« gehandelt; da würde man sich als Bergbaukonzern beim gemeinen Volk unbeliebt machen, und sowas ist schlecht für's Geschäft. Für die Venus müsste erst einmal Ausrüstung entwickelt werden, die unter den dort vorherrschenden Gegebenheiten länger als ein paar Stunden durchhält: zu teuer.

Bliebe der Merkur. Das ist tatsächlich interessant, denn auch seitens der Wissenschaft wird unser innerster Planet mehr als stiefmütterlich behandelt. Es gab bislang genau zwei Missionen dorthin: 1974 Mariner 10 und 2008-2015 Messenger, beide von der NASA. Die 2018 gestartete Sonde BepiColombo (ESA/JAXA) soll demnächst eintreffen. Ein Grund für die Vernachlässigung dürften die extremen Bedingungen sein. Wegen der Nähe zum Zentralstern weht der Sonnenwind recht heftig, und der kleine Planet wartet mit den höchsten Temperaturschwankungen auf – von minus 170 Grad Celsius nachts bis plus 430 Grad am Tage. Instrumente und Gerätschaften sind hier ziemlichen Belastungen ausgesetzt. Weshalb es auch noch keine Landung gab, wenn man den gezielten Messenger-Absturz nicht einrechnet.

Und die Gasplaneten? Im Moment – Stand: März 2020 – tippt Mike Brown ja darauf, dass es sich beim Planeten Neun um eine Art kleinen Uranus oder Neptun handelt.

Tatsächlich könnte er auch völlig anders aufgebaut sein (mehr dazu weiter unten), aber sehen wir uns zunächst die beiden Eisriesen an. Sie gleichen einander in vieler Hinsicht: um die 50.000 Kilometer groß, ungefähr 16 Erdmassen Gewicht, minus 200 Grad Oberflächentemperatur. Da auch Gasplaneten einen Gesteinskern haben (der bei Uranus und Neptun im Unterschied zu Jupiter / Saturn recht einheitlich zusammengesetzt sein dürfte), betrachten wir sie einmal aus dieser Perspektive.

Es zeigt sich ein Festkörper aus Gestein bzw. Metall, ungefähr so groß und so schwer wie die Erde. Bedeckt ist er von einer mächtigen Schicht aus Wasser, Ammoniak und Methaneis, mit Spuren von Kohlenstoff und anderem. »Mächtig« heißt in diesem Fall, dass der Ozean zehnmal so tief ist wie der ganze Kern dick. Man könnte also von einer riesigen »Wasserwelt« sprechen, die irgendwo ganz innen eine Erde beherbergt. Auf den restlichen zehn bis zwanzig Prozent des Durchmessers findet sich eine Atmosphäre aus Wasserstoff, Helium und Methan; Letzteres sorgt für die blaugrüne Färbung.

Eine Sonde, die dort landen möchte, dringt zunächst in die Gashülle ein. Das Wetter ist gewöhnungsbedürftig. Die Stürme erreichen Geschwindigkeiten von 2000 km/h, und in den tieferen Atmosphärenschichten steigt der Druck auf zehn Bar. Dann kommt der Ozean. Eine eigentliche Wasseroberfläche gibt es nicht; hier brodelt alles durcheinander, nur die chemische Zusammensetzung verändert sich. Beim Tiefergehen steigt die Druckbelastung rasant; es rieselt Diamanten. (Nein, das ist kein Witz. Laut Laborversuchen kristallisiert Kohlenstoff unter diesen Bedingungen teilweise aus.)

Für eine kommerzielle Nutzung sind die Kristalle aber zu klein, weshalb die Sonde bis zur Kernoberfläche vordringt. So sie es denn schafft, zu landen. Dieser Boden ist nämlich so etwas Ähnliches wie die Außenschicht eines auf Globusgröße erweiterten Erdkerns, mitsamt seinen physikalischen Parametern: Temperatur bis jenseits der 5000°, Druck mehrere Millionen Bar.

Eine Landung auf der Venus wäre ein Spaziergang dagegen. Auf Himmelskörpern dieser Sorte ist außer wissenschaftlichen Erkenntnissen nichts zu holen.

Was aber, wenn Planet Neun nicht – wie angenommen – aus dem Material des hiesigen Sonnensystems gebildet wurde?

Dass nicht jedes Objekt, welches ein Schwerkraftzentrum umkreist, auch aus der Gegend stammen muss, zeigen diverse Monde. Von den Marstrabanten Phobos und Deimos[5] reicht die Liste über Saturns Phoebe bis zu Neptuns Triton: Sie alle entstanden nicht in unmittelbarer Nachbarschaft ihrer heutigen Heimatplaneten, sondern wurden irgendwann »eingefangen«.

Was in diesem vergleichsweise kleinen Rahmen gilt, funktioniert auch bei größeren Bezugssystemen. In unserer Milchstraße dürften laut aktueller Schätzung 400 Milliarden Einzelgängerplaneten (die schon erwähnten rogue planets) unterwegs sein. Diese Objekte ziehen so lange unabhängig dahin, bis sie früher oder später in das Gravitationsfeld einer Sonne geraten. Meist lenkt diese ihre Bahn nur ab; wenn sie Pech haben, stürzen sie geradewegs in den Stern. Andernfalls schwenken sie in einen Orbit ein und werden zu neuen Mitgliedern im lokalen Planetensystem.

Auf die Tour könnte einst auch der neue Neunte zu uns gestoßen sein. Brown veranschlagt die Wahrscheinlichkeit für ein solches Ereignis zwar nur auf ungefähr ein Prozent; aber, wie er selbst sagt: »Niemand weiß genug, um ehrliche Abschätzungen zu treffen. Zur Zeit denken wir alle uns Geschichten aus.« Zum Beispiel, dass das Objekt ein Gesteinstyp ist – aus wissenschaftlicher Sicht spricht nichts grundsätzlich dagegen. Die präferierte Theorie eines gasförmigen Aufbaus

---

[5] Griech.: »Furcht« und »Schrecken«. Benannt nach einem schlagkräftigen Brüderpaar im Gefolge des Kriegsgottes Ares (lat.: Mars).

basiert auf der Annahme, es wäre in der heimischen protoplanetaren Scheibe entstanden.

Gute Geschichten beflügeln nicht nur die Fantasie von Schöngeistern. Für Geschäftsleute hat »gut« seine eigene Bedeutung. Mit anderen Worten könnte Planet Neun gigantische Reserven an Material bergen, das sich auf Erden zu Preisen handeln lässt wie im 13. Jahrhundert der Pfeffer.[6]

Von dieser Überlegung zur Entscheidung, Buchgeld-Milliarden auf immer schnellere Raumschiffe und immer bessere Geräte zu setzen, wäre es nur ein kleiner Schritt.

---

6   Das Gewürz wurde im mittelalterlichen Europa teilweise mit Gold aufgewogen. Die »Pfeffersäcke« waren jene Hanse-Kaufleute, die damit reich wurden.

KAPITEL 13

ERSCHEINUNGSFORMEN UND ENTDECKUNG

Hinsichtlich der Zusammensetzung tippt die Wissenschaft bei Planet Neun eher auf einen Gasplaneten, wie er sich als sogenannter Mini-Neptun offenbar in diversen fremden Sonnensystemen findet. Das wäre dann zum Beispiel eine Kugel mit Wasserstoff-Helium-Atmosphäre und einem Ozean aus Wasser-Ammoniak-Gemisch, der einen Gesteinskern umschließt.

Wo hier im Einzelfall die Grenze zu einer Wasserwelt zu ziehen ist, bleibt eine Interpretationsfrage; darüber, ob zwei Erddurchmesser ein plausibler Wert sind, wird noch diskutiert. Andererseits gibt es auch Supererden wie Gliese 876 d, der einen fünfzehn Lichtjahre entfernten Roten Zwerg im Sternbild Wassermann umkreist und sieben Mal so schwer wie unser Heimatglobus ist.

Von innen nach außen verläuft der Aufbau sämtlicher Planeten von fest über flüssig zu gasförmig, das gilt für einen Neptun ebenso wie für die Erde. Im Grunde drehen sich die ganzen Unterscheidungsversuche um die Frage, wie dick und wie dicht die jeweiligen Lagen ausfallen. Ähnlich verhält es sich mit der Entstehungsregion: Dass sich überwiegend feste Objekte eher in Sternnähe und die anderen weiter draußen bilden, ist zwar angesichts der Massenverteilung in einer protoplanetaren Scheibe naheliegend, aber nicht zwingend.

Die in unserem System gewissermaßen fehlende Welt mit einer Masse zwischen Erde (1 M_E, no na) und Uranus (15 M_E) könnte auch

Kapitel 13

in der Gegend des heutigen Asteroidengürtels entstanden und im Zuge der Großplanetenmigration mitgenommen worden sein, wonach sie ein ähnliches Schicksal ereilte, wie es David Nesvorny seinem hypothetischen fünften Riesen[1] zugedacht hat.

Die Variante eines extrasolaren Vagabunden wiederum – der detto ein Gesteinstyp sein könnte – ist nicht so unwahrscheinlich, wie Skeptiker meinen. Wir haben in jüngster Vergangenheit gleich zweimal Besuch von »Aliens« bekommen: 2017 war es ʻOumuamua[2], bald darauf der Komet Borisov[3].

Letzterer hatte vor einer Million Jahren Kurs auf uns gesetzt. Er kam aus dem Doppelsystem Kruger 60 und zog im Dezember 2019 in dreihundert Millionen Kilometern Entfernung an der Erde vorbei – zwischen Mars und Jupiter, wobei er unsere Ekliptik fast lotrecht passierte.

Dass der vorhergehende Besucher mit dem unaussprechlichen Namen (ʻOumuamua heißt auf Hawaiianisch so etwas wie Erstankömmling) verdächtigt wurde, ein außerirdisches Raumschiff zu sein, lag an seiner Form. Es gibt keine Fotos, aber die Helligkeit des Objekts schwankte um den Faktor 10, woraus man auf etwas Langes, Dünnes schloss, das sich drehte – ein gefundenes Fressen für SETI-Freunde; eine Zigarrenform, eine Scheibe gar? Trotz aller Bemühungen konnte kein Signal des Fremden aufgefangen werden. Wie schon Sigmund Freud sagte: Manchmal ist eine Zigarre einfach nur eine Zigarre.

Was die menschliche Fantasie allerdings wenig stört. Manche Leute wussten schon lange vor Brown/Batygin, dass es in unserem Sonnensystem noch einen weiteren Planeten gibt. Ihre Erkenntnis speist sich aus babylonischen Keilschrifttafeln, laut denen anscheinend ein

---

[1] Siehe Kapitel 2.
[2] Siehe Kapitel 8.
[3] Offizielle Bezeichnungen: 1I/ʻOumuamua und 2I/Borisov; das »I« steht für »interstellar«, die Ziffern folgen aufsteigend der Reihe des Eintreffens.

Himmelskörper nach der Gottheit Nibiru benannt wurde. Das Objekt kehrt in langen Abständen wieder und richtet Chaos auf der Erde an; auch die zehn biblischen Plagen gehen auf sein Konto. Das erinnert nicht von ungefähr an Nemesis.[4]

Eingeweihte wissen jedoch, dass dieser Braune Zwerg nicht der eigentliche Planet Neun ist. Vielmehr wird er von einem Mond umkreist, auf welchem die Anunnaki zu Hause sind. Die Lehrbücher kennen sie als mesopotamische Unterweltsgötter; in Wahrheit handelt es sich um eine uralte Zivilisation, welche die Menschen einst als Arbeitssklaven erschuf. Wobei die Finsterlinge offenbar bis zu einem gewissen Grad an sich selbst Maß nahmen, denn: »Sie sehen uns Erdenmenschen teilweise sehr ähnlich. Haarfarbe: blond bis schwarz, auch rot. Größe der Männer: 2 – 2,20 Meter; Frauen: 1,80 – 2,20 Meter.«[5]

Soweit zu Nibiru.

Im September 2019 präsentierten zwei junge US-Amerikaner – Jakub Scholtz und James Unwin[6] – eine nicht minder interessante Theorie. Wenn es nach ihnen geht, dann haben wir das Phantom deshalb noch nicht aufgespürt, weil wir falsch suchen, sprich: auf den falschen Wellenlängen.

Nummer Neun ist nämlich kein Planet, kein verhinderter Stern und schon gar kein Mond, sondern vielmehr ein primordiales Schwarzes Loch.

Das neue Adjektiv war einst aus dem lateinischen Substantiv *primordium* (= erster Ursprung) gebastelt worden; seit ein paar Jahrzehnten wird es in diversen Wissenschaftszweigen für Ursprüngliches aller Art verwendet. In den 1970ern setzte es Stephen Hawking einer von ihm ausgedachten Erscheinungsform Schwarzer Löcher voran.

---

4   Siehe Kapitel 4.
5   Das Zitat stammt laut dem Verfasser des Buches »Elvis lebt!« von einer *Raumbrüder*-Website; selbige ist allerdings nicht mehr auffindbar.
6   Der eine vom Institute for Particle Physics Phenomenology der Durham University, der andere Assistenzprofessor für Theoretische Teilchenphysik an der University of Illinois at Chicago.

Kapitel 13

Bis dahin hatte man sich auf zwei Versionen dieser Objekte geeinigt: Entweder ein schwerer Stern kollabiert zu einem stellaren Schwarzen Loch, oder Materie sammelt sich durch Gravitation zu einem »supermassereichen« Typus.

Ihnen allen ist gemeinsam, dass sie mindestens zehn Sonnenmassen aufweisen müssen. Das ließe sich nun beim besten Willen nicht mit unserem System vereinbaren, schon allein deshalb, weil dann die Sonne um das Ding kreisen würde, nicht umgekehrt. Hawking hat jedoch lichtschluckende Objekte erfunden, die schon ab einem Millimeter Durchmesser zu haben sind und dann gerade einmal die Masse des Erdmondes benötigen. Seine Begründung lautete, dass es während der ersten Sekunden des Urknalls zu chaotischen Phasenübergängen zwischen Quark/Gluonen- und baryonischem Plasma kam, welche ihrerseits via statistischer Quantenprozesse von primordialen Fluktuationen überlagert wurden.

Wer das jetzt nicht verstanden hat, braucht sich nicht zu grämen. Wir befinden uns auf der Spielwiese von Theoretikern, und man hat in Wirklichkeit nicht die geringste Ahnung, wie die heute sogenannten Naturgesetze damals genau beschaffen waren. Falls die Zeit (als physikalische Größe) stets Einsteins Theorien gefolgt ist – je mehr Masse, desto langsamer –, sind Angaben wie »Sekunde« ohnehin gegenstandslos.

Was sich nicht ad hoc widerlegen lässt, darf weitergesponnen werden. Auf unbekanntem Wissenschaftsterrain gilt mehr oder weniger: Im Zweifel für den Angeklagten. Wenigstens, solange er nicht babylonische Götter auf Monden leben lässt. Scholtz & Unwin leiten aus Hawkings Idee ab, dass sich schon zu jener Zeit – vor fünf Milliarden Jahren, als die örtlichen Moleküle gerade darüber diskutierten, ob sie ein Sonnensystem bilden sollten – ein primordialer Winzling hier aufgehalten haben könnte.

Oder er kam später vorbei. Im Zuge der Systemformierung geriet er jedenfalls in den Bannkreis der Sonne und kreist seitdem unentdeckt in den äußeren Regionen.

Rein theoretisch wäre das möglich. Es würde auch erklären, weshalb man ihn bisher nicht entdeckt hat. Ein Schwarzes Loch sendet keine Strahlung aus. In jenem Spektrum, welches z. B. das Subaru- oder das Pan-STARRS-Teleskop abdecken, dürften sich kaum Daten finden; vor allem dann nicht, wenn man nach einem Objekt mit mehreren Erddurchmessern sucht.

Hinsichtlich der effektiven Größe des Primordialen gibt es praktisch keine Anhaltspunkte. In Internetvideos plaudert so mancher Spezialist, und dann werden A4-Blätter mit aufgemalten schwarzen Kreisen in die Kamera gehalten (»Er ist SO groß«) ... Sollten derlei Aussagen der Realität entsprechen, wäre dies – sagen wir vorsichtig: – ein großer Zufall. Was auch für die Illustration gilt, welche die beiden letztgenannten Wissenschaftler ihrem mit zahlreichen komplexen Formeln garnierten Paper beifügten; die Abbildung hat einen Durchmesser von etwa fünf Zentimetern.

Nun ja, eine Mandarine in zwölf Milliarden Kilometern Entfernung aufzuspüren, könnte etwas schwierig werden. Der Tipp der beiden Jungphysiker lautet, nicht nur rund um den optischen Bereich (samt Infrarot und Mikrowelle) zu suchen, sondern auch Instrumente einzusetzen, die das Röntgen- und Gammaspektrum registrieren. Zieht ein kleines Schwarzes Loch nämlich vor einem Stern vorbei, wird dessen Strahlung auf charakteristische Art und Weise beeinflusst.

Auf die Frage, was er davon hält, antwortete Brown: »Ja, Planet Neun könnte definitiv ein schwarzes Loch sein« – und setzte seinen Hamburger-Vergleich hinzu. Freunde der Einstein-Rosen-Brücke hingegen wären wohl fasziniert. Böte ein Schwarzes Loch in fast greifbarer Nähe doch die Möglichkeit, herauszufinden, ob man tatsächlich irgendwie in der Zeit reisen kann.

Jenes 1935 auf Basis der allgemeinen Relativitätstheorie aufgestellte Modell besagt, vereinfacht ausgedrückt, dass extreme Massekonzentrationen zwei Punkte der vierdimensionalen Raumzeit miteinander verbinden können. Als »Wurmlöcher« oder Ähnliches sind diese Abkürzungen längst fixer Bestandteil der Science-Fiction.

Wie das im Detail aussehen soll, ist allerdings wesentlich komplizierter als es die bekannte Darstellung einer gebogenen Fläche mit Tunnelröhre nahelegt. Anhand dieser kann man sich recht einfach vorstellen, dass der von uns als »gerade« empfundene Raum in Wirklichkeit eben gekrümmt ist. Wir merken das genauso wenig, wie ein Fußgänger die Erdkrümmung wahrnimmt – die ihn zu seiner Verblüffung (falls er in der Schule nicht aufgepasst hat) nach 40.000 Kilometern an den Ausgangspunkt zurückführt.

Das Problem bei solchen Graphiken ist, dass hier zwecks Veranschaulichung quasi um eine Dimension heruntergerechnet wird. Für einen Schatten auf einer Kugel ist die Oberfläche, auf der er wandert, unbegrenzt, aber endlich. Die Abfolge: Schatten = zweidimensional, Fläche = zweidimensional, Kugel = dreidimensional. Jetzt denken wir uns das Ganze eine Nummer höher, und schon ist alles klar.

Die Doppeltrompete suggeriert eine Abkürzung, die auf beiden Seiten gleich aussieht. Man spaziert also in beliebiger Richtung hindurch, wie die Protagonisten in *Stargate*. Das geben die Feldgleichungen aber leider nicht her, weshalb sich Carl Sagan (ja, genau der), als er 1985 den Roman *Contact* schrieb, an einen nicht minder erfindungsfreudigen Physiker wandte: Kip Thorne.

Der renommierte Theoretiker ersann flugs eine Variante, die Türen offenzuhalten: Er brauchte dafür bloß »exotische Materie« mit »negativer Energie« sowie eine hochentwickelte Zivilisation, die einen Weg gefunden hatte, das Ganze technisch zu bewerkstelligen.

Was heute so leicht von der Hand geht, war Einstein selbst nicht ganz geheuer. Von der zugrundeliegenden Quantenverschränkung sprach er als »spukhafte Fernwirkung«.

Inzwischen ist auch den Theoretikern ein Problem aufgefallen: Wenn ein Schwarzes Loch alles aufsaugt und absolut nichts mehr freigibt, wie soll man dann am anderen Ende wieder herauskommen? Und, weiter gedacht: Steht so eine unumkehrbare Akkretion nicht a priori im Widerspruch zu dem Postulat, dass Information im Universum nicht verlorengehen kann?

Zur Lösung war erst einmal, man ahnt es, Stephen Hawking gefragt. Die nach ihm benannte und aus Konzepten der Quantenfeldtheorie abgeleitete Strahlung (bislang nicht nachgewiesen ...) hebt das Informationsparadoxon auf, indem Schwarze Löcher doch irgendetwas absondern.

Schön und gut, aber ein wenig Strahlung ist hier nicht besonders hilfreich. Dem hineinfliegenden Astronauten nützt es wenig, sich damit trösten zu können, dass die Information über seine physische Zusammensetzung dereinst wieder hinausdiffundiert. Es muss Materie abgegeben werden. Praktischerweise wurde bereits 1965 über die Existenz von Weißen Löchern nachgedacht.

Wie der Name vermuten lässt, handelt es sich dabei um verkehrte Schwarze Löcher. In ein Weißes kann nichts eindringen, vielmehr spuckt es pausenlos Strahlung und Materie. Wenn es die nicht gerade wieder einmal aus dem »Nichts« erschafft, muss es zwangsläufig mit einem Gegenstück verbunden sein – irgendwo.

Das wäre also die gesuchte Brücke, wenn auch in Form einer Einbahnstraße. Auch sonst hat die Sache hinsichtlich ihrer Nutzung ein paar Haken. Von dem kleinen Problem der Spaghettifizierung einmal abgesehen, weiß man zum Beispiel nicht, wo sich der Zielbahnhof befindet – oder wann, denn wenn man in der Raumzeit herumhüpft, könnte auch dieser Faktor ins Spiel kommen. So es Weiße Löcher denn überhaupt gibt; gefunden wurde noch keines.

Was die Leute vom SETI-Institut wahrscheinlich nicht davon abhalten würde, eine wohlformulierte Botschaft in Planet Neun zu werfen, sollte es sich bei selbigem um einen präsumtiven Briefkasten mit dem Durchmesser eines Auspuffrohres handeln.

Warum sich also nicht selbst davon überzeugen, wie das Phantom aussieht?

Denn tatsächlich kann jeder, der über einen Internetanschluss verfügt, Planet Neun entdecken. Jederzeit, auch in dieser Sekunde (falls das Objekt bis zum Erscheinen des Buches nicht ohnehin bereits gefunden wurde).

Kapitel 13

Das Schlüsselwort lautet Bürgerwissenschaft, auf Neudeutsch Citizen Science. Bei diesem Ableger der sogenannten offenen Wissenschaft stellen Laien ihre Zeit und ihre Fähigkeiten zur Verfügung, um jene unüberschaubaren Datenmassen zu durchsuchen, die permanent von – zum Beispiel – den Observatorien dieser Welt hereinströmen.

Über die nötigen Fähigkeiten verfügt jeder Mensch. Ganz einfach deshalb, weil das Gehirn des Homo sapiens im Erkennen von Mustern im jeweiligen Zusammenhang allen Computerprogrammen weit überlegen ist, mögen sie auch als »künstliche Intelligenzen« auf den größten und schnellsten Rechnern laufen.

Es ist nicht so, dass uns die Fachleute damit einen Gefallen erweisen, dem engagierten Amateur ihr Arbeitsmaterial zu zeigen. Im Gegenteil. Himmelsforschung ist teuer, und die Wissenschaftler müssen Ergebnisse liefern, um den Nachschub an Fördergeldern aufrechtzuerhalten. Dass auch der simple Stromverbrauch eine nicht zu unterschätzende Größe darstellt, zeigt schon die Kryptowährung Bitcoin.

Man setzt daher auf die Gratismitarbeit jener, die sich aus freien Stücken beteiligen. Sei es, weil sie darin eine unterhaltsame Abwechslung sehen, weil es ohnehin ihre Liebhaberei ist, oder weil sie sich freuen, wenn ein neuer Himmelskörper fürderhin ihren Namen trägt. Wie etwa beim extrasolaren Kometen 2I/Borisov, den der Observatoriumstechniker Gennadi Borissow (deutsche Schreibweise) in seiner Freizeit mit einem selbstgebauten Fernrohr aufspürte.

Dass Anfänger erstaunliche Treffer erzielen können, bewies im Januar 2020 ein siebzehnjähriger Schüler in den USA. Wolf Cukier hatte sich für ein Praktikum bei der NASA beworben, bekam den Platz und Daten der TESS-Sonde auf den Rechner. Am dritten Tag entdeckte er einen Planeten des 1300 Lichtjahre entfernten Binärsystems TOI 1338 im Sternbild Maler. Der Exoplanet hat annähernd sieben Erdmassen und braucht 71 Tage, um seine beiden Sterne zu umrunden.

Er heißt nun TOI 1338 b. Woran man erkennt, dass sich bei quasi wichtigen Himmelskörpern der Spaß mit der privaten Namensgebung leider aufhört. Wer Planet Neun findet, wird sich nicht auf diese Weise im Sonnensystem verewigen können.

Dafür muss er sich aber bei der Suche nicht lange um ein Praktikum bewerben; es gibt Webseiten, auf denen man sich problemlos beteiligen kann. Das Portal »Zooniverse« – hervorgegangen aus dem 2007 ins Leben gerufenen Galaxy-Zoo-Programm – versammelt unter dem neuen Namen diverse Bürgerwissenschaftsprojekte aus den Themenbereichen Kunst, Natur und Universum.

Die Betreiber der Plattform sind hauptberuflich an Universitäten wie Oxford (England) oder Adler (USA) tätig. Im Unterschied zu Mitmachkonzepten wie SETI@home wird hier aber nicht bloß im Hintergrund die freie Rechenleistung des Heimcomputers angezapft; man ist tatsächlich selbst gefragt.

Wer sich auf der Webseite *https://www.zooniverse.org/projects/marckuchner/backyard-worlds-planet-9* anmeldet, bekommt Bilderserien auf den Schirm, die jeweils den gleichen Himmelausschnitt zeigen, aufgenommen im Laufe mehrerer Jahre. Es geht darum, auf diesen Fotos zu erkennen, ob sich irgendeiner der Punkte bewegt hat.

Was sich wesentlich anstrengender gestaltet, als es im ersten Moment klingt. Man bekommt hier nämlich keine schönen Sterngruppen zu sehen, wie wir sie aus Hochglanzmagazinen kennen. Ganz im Gegenteil. Auf den ersten Blick wirken die Vergleichsbilder wie das Hintergrundrauschen eines Röhrenfernsehers oder eine unscharfe Großaufnahme des heimischen Teppichbodens.

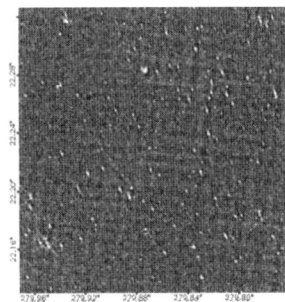

Abb. 10: Hier irgendwo könnte sich Planet Neun verbergen

Ein Grund dafür lautet, dass das Ausgangsmaterial vom Infrarot ins sichtbare Spektrum transferiert und eingefärbt wurde; der andere, dass das Hintergrundrauschen nicht herausgefiltert ist – gerade dort verbergen sich oft die wesentlichen Informationen, an denen ein Computerprogramm scheitert. Betrüblicherweise bleiben dadurch auch sämtliche Datenfehler erhalten, die bei der Erfassung oder der Übertragung entstanden.

Hinzu kommt, dass die Instrumente im präsentierten Beobachtungszeitraum nicht immer die gleichen waren, oft wurden sie später durch technisch bessere ersetzt. Wer schon einmal alte Analogfilmaufnahmen mit digitalem Material neueren Datums kombinieren musste, weiß, was das bedeutet.

Zu guter Letzt kann sich auch noch die Horizontneigung ändern, was die Vorstellungskraft des bereitwilligen Amateurastronomen auf eine harte Probe stellt ...

Wie auch immer: Die Wahrscheinlichkeit, auf diesen Bildern Planet Neun finden zu können, ist relativ hoch. So es ihn denn gibt. Aber dieser Zweifel begleitete noch alle Planetenentdecker; hätten sie es sich verdrießen lassen, wüsste man bis heute nichts von Uranus und Neptun, zum Beispiel.

Wir dürfen gespannt bleiben. Eines ist sicher: Das Universum hält mehr Überraschungen bereit, als sich unsere Weisheit träumen lässt.

ANHANG

THE 2016 PAPER

The Astronomical Journal, 151:22 (12pp), 2016 February

EVIDENCE FOR A DISTANT GIANT PLANET IN THE SOLAR SYSTEM

Konstantin Batygin and Michael E. Brown

Division of Geological and Planetary Sciences, California Institute of Technology, Pasadena, CA 91125, USA; kbatygin@gps.caltech.edu

Received 2015 November 13; accepted 2016 January 10; published 2016 January 20

ABSTRACT

Recent analyses have shown that distant orbits within the scattered disk population of the Kuiper Belt exhibit an unexpected clustering in their respective arguments of perihelion. While several hypotheses have been put forward to explain this alignment, to date, a theoretical model that can successfully account for the observations remainselusive. In this work we show that the orbits of distant Kuiper Belt objects (KBOs) cluster not only in argument of perihelion, but also in physical space. We demonstrate that the perihelion positions and orbital planes of the objectsare tightly confined and that such a clustering has only a probability of 0.007% to be due to chance, thus requiring a dynamical origin. We find that the observed orbital alignment can be maintained by a distant eccentric planet with mass $\gtrsim 10\ m_\oplus$ whose orbit lies in approximately the same plane as those of the distant KBOs, but whose perihelion is 180° away from the perihelia of the minor bodies. In addition to accounting for the observed orbital alignment, the existence of such a planet naturally explains the presence of high-perihelion Sedna-like objects, as well as the known collection of high semimajor axis objects with inclinations between 60° and 150° whose origin was previously unclear. Continued analysis of both distant and highly inclined outer solar system objects provides the opportunity for testing our hypothesis as well as further constraining the orbital elements and mass of the distant planet.

Key words: Kuiper Belt: general – planets and satellites: dynamical evolution and stability

1. INTRODUCTION

The recent discovery of 2012VP113, a Sedna-like body and a potential additional member of the inner Oort cloud, prompted Trujillo & Sheppard (2014) to note that a set of Kuiper Belt objects (KBOs) in the distant solar system exhibits unexplained clustering in orbital elements. Specifically, objects with a perihelion distance larger than the orbit of Neptune and semimajor axis greater than 150 AU – including 2012VP113 and Sedna – have arguments of perihelia, ω, clustered approximately around zero. A value of $\omega = 0$ requires that the object's perihelion lies precisely at the ecliptic, and during ecliptic-crossing the object moves from south to north (i.e., intersects the ascending node). While observational bias does preferentially select objects with perihelia (where they are closest and brightest) at the heavily observed ecliptic, no possible bias could select only for objects moving from south to north. Recent simulations (de la Fuente Marcos & de la Fuente Marcos 2014) confirmed this lack of bias in the observational data. The clustering in ω therefore appears to be real.

Orbital grouping in ω is surprising because gravitational torques exerted by the giant planets are expected to randomize this parameter over the multi-Gyr age of the solar system. In other words, the values of ω will not stay clustered unless some dynamical mechanism is currently forcing the alignment. To date, two explanations have been proposed to explain the data.

Trujillo & Sheppard (2014) suggest that an external perturbing body could allow ω to librate about zero via the Kozai mechanism.[1] As an example, they demonstrate that a five-Earth-mass body on a circular orbit at 210 AU can drive such libration in the orbit of 2012VP113. However, de la Fuente Marcos & de la Fuente Marcos (2014) note that the existence of librating trajectories around $\omega = 0$ requires the ratio of the object to perturber semimajor axis to be nearly unity. This means that trapping all of the distant objects within the known range of semimajor axes into Kozai resonances likely requires multiple planets, finely tuned to explain the particular data set.

Further problems may potentially arise with the Kozai hypothesis. Trujillo & Sheppard (2014) point out that the Kozai mechanism allows libration about both $\omega = 0$ as well as $\omega = 180$, and the lack of $\omega \sim 180$ objects suggests that some additional process originally caused the objects to obtain $\omega \sim 0$. To this end, they invoke a strong stellar encounter to generate the desired configuration. Re-

---

[1] Note that the invoked variant of the Kozai mechanism has a different phase-space structure from the Kozai mechanism typically discussed within the context of the asteroid belt (e.g., Thomas & Morbidelli 1996).

cent work (Jílková et al. 2015) shows how such an encounter could, in principle, lead to initial conditions that would be compatible with this narrative. Perhaps a greater dif ficulty lies in that the dynamical effects of such a massive perturber might have already been visible in the inner solar system. Iorio (2014) analyzed the effects of a distant perturber on the precession of the apsidal lines of the inner planets and suggests that, particularly for low-inclination perturbers, objects more massive than the Earth with $a \sim 200 - 300$ AU are ruled out from the data (see also Iorio 2012).

As an alternative explanation, Madigan & McCourt (2015) have proposed that the observed properties of the distant Kuiper Belt can be attributed to a so-called inclination instability. Within the framework of this model, an initially axisymmetric disk of eccentric planetesimals is recon figured into a cone-shaped structure, such that the orbits share an approximately common value of ω and become uniformly distributed in the longitude of ascending node, ω. While an intriguing proposition, additional calculations are required to assess how such a self-gravitational instability may proceed when the (orbit-averaged) quadrupolar potential of the giant planets, as well as the effects of scattering, are factored into the simulations. Additionally, in order to operate on the appropriate timescale, the inclination instability requires 1 – 10 Earth masses of material to exist between ~ 100 and $\sim 10,000$ AU (Madigan & McCourt 2015).

Such an estimate is at odds with the negligibly small mass of the present Sedna population (Schwamb et al. 2010). To this end, it is worth noting that although the primordial planetesimal disk of the solar system likely comprised tens of Earth masses (Tsiganis et al. 2005; Levison et al. 2008, 2011; Batygin et al. 2011), the vast majority of this material was ejected from the system by close encounters with the giant planets during, and immediately following, the transient dynamical instability that shaped the Kuiper Belt in the first place. The characteristic timescale for depletion of the primordial disk is likely to be short compared with the timescale for the onset of the inclination instability (Nesvorný 2015), calling into question whether the inclination instability could have actually proceeded in the outer solar system.

In light of the above discussion, here we reanalyze the clustering of the distant objects and propose a different perturbation mechanism, stemming from a single, long-period object. Remarkably, our envisioned scenario brings to light a series of potential explanations for other, seemingly unrelated dynamical features of the Kuiper Belt, and presents a direct avenue for falsi fication of our hypothesis. The paper is organized as follows. In Section 2, we reexamine the observational data and identify the relevant trends in the orbital elements. In Section 3, we motivate the existence of a distant, eccentric perturber using secular perturbation theory. Subsequently, we engage in numerical exploration in Section 4. In Section 5, we perform a series of simulations that generate synthetic scattered disks. We summarize and discuss the implications of our results in Sections 6 and 7, respectively.

2. ORBITAL ELEMENT ANALYSIS

In their original analysis, Trujillo & Sheppard (2014) examined ω as a function of semimajor axis for all objects with perihelion, q, larger than Neptune's orbital distance (Figure 1). They find that all objects with $q > 30$ AU and $a > 150$ AU are clustered around $\omega \sim 0$. Excluding objects with q inside Neptune's orbit is sensible, since an object that crosses Neptune's orbit will be in fluenced by recurrent close encounters. However, many objects with $q > 30$ AU can also be destabilized as a consequence of Neptune's overlapped outer mean-motion resonances (e.g., Morbidelli 2002), and a search for orbits that are not contaminated by strong interactions with Neptune should preferably exclude these objects as well.

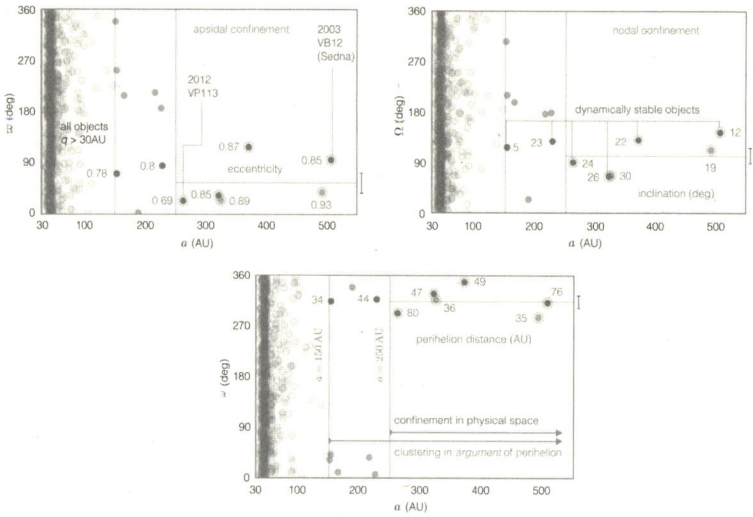

Figure 1. Orbits of well-characterized Kuiper-belt objects with perihelion distances in excess of $q > 30$ AU. The left, middle, and right panels depict the longitude of perihelion, ϖ, longitude of ascending node, ω, and argument of perihelion ω as functions of semimajor axes. The orbits of objects with $a < 150$ AU are randomly oriented and are shown as gray points. The argument of perihelion displays clustering beyond $a > 150$ AU, while the longitudes of perihelion and ascending node exhibit confinement beyond $a > 250$ AU. Within the $a > 150$ AU subset of objects, dynamically stable bodies are shown with blue-green points, whereas their unstable counterparts are shown as green dots. By and large, the stable objects are clustered in a manner that is consistent with the $a > 250$ AU group of bodies. The eccentricities, inclinations, and perihelion distances of the stable objects are additionally labeled. The horizontal lines beyond $a > 250$ AU depict the mean values of the angles and the vertical error bars depict the associated standard deviations of the mean.

In order to identify which of the $q > 30$ AU and $a > 150$ AU KBOs are strongly in fluenced by Neptune, we numerically evolved six clones of each member of the clustered population for 4 Gyr. If more than a single clone in the calcuations exhibited large-scale semimajor axis variation, we deemed such an objects dynamically unstable.[2] Indeed, many of the considered KBOs (generally those with $30 < q < 36$ AU) experience strong encounters with Neptune, leaving only 6 of the 13 bodies largely unaffected by the presence of Neptune. The stable objects are shown as dark blue-green dots in Figure 1, while those residing on unstable orbits are depicted as green points.

Interestingly, the stable objects cluster not around $\omega = 0$ but rather around $\omega = 318° \pm 8°$, grossly inconsistent with the value predicted from by the Kozai mechanism. Even more interestingly, a corresponding analysis of longitude of ascending node, as a function of the semimajor axis reveals a similarly strong clustering of these angles about $\Omega = 113° \pm 13°$ (Figure 1). Analogously, we note that *longitude* of perihelion,[3] $\varpi = \omega + \Omega$, is grouped around $\varpi = 71 \pm 16$ deg. Essentially the same statistics emerge even if long-term stability is disregarded but the semimajor axis cut is drawn at $a = 250$ AU. The clustering of both ϖ and of Ω suggests that not only do the distant KBOs cross the ecliptic at a similar phase of their elliptical trajectories, the orbits are physically aligned. This alignment is evident in the right panel of Figure 2, which shows a polar view of the Keplerian trajectories in inertial space.

To gauge the significance of the physical alignment, it is easier to examine the orbits in inertial space rather than orbital element space. To do so, we calculate the location of the point of perihelion for each of the objects and project these locations into ecliptic coordinates.[4] In addition, we calculate the pole orientation of each orbit and project it onto the plane of the sky at the perihelion position. The left panel of Figure 2 shows the projected perihelion loca-

---

[2] In practice, large-scale orbital changes almost always result in ejection.

[3] Unlike the argument of perihelion, ω, which is measured from the ascending node of the orbit, the longitude of perihelion, ϖ, is an angle that is defined in the inertial frame.

[4] The vector joining the Sun and the point of perihelion, with a magnitude e is formally called the Runge-Lenz vector.

tions and pole positions of all known outer solar system objects with $q > 30$ AU and $a > 50$ AU. The six objects with $a > 250$ AU, highlighted in red, all come to perihelion below the ecliptic and at longitudes between 20° and 130°.

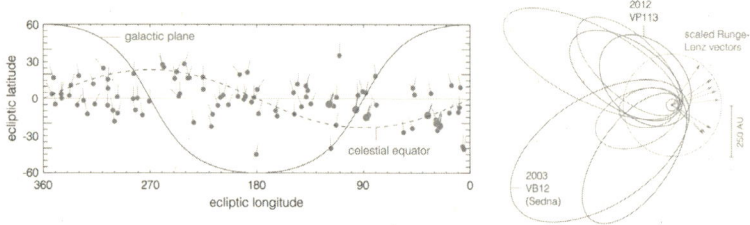

Figure 2. Orbital clustering in physical space. The right panels depicts the side and top views of the Keplerian trajectories of all bodies with $a > 250$ AU as well as dynamically stable objects with $a > 150$ AU. The adopted color scheme is identical to that employed in Figure 1, and the two thin purple orbits correspond to stable bodies within the $150 < a < 250$ AU range. For each object, the directions of the angular momentum and Runge-Lenz (eccentricity) vectors are additionally shown. The left panel shows the location of perihelia of the minor bodies with $q > 30$ AU and $a > 50$ AU on the celestial sphere as points, along with the projection of their orbit poles with adjacent lines. The orbits with $a > 250$ AU are emphasized in red. The physical confinement of the orbits is clearly evident in both panels.

Discovery of KBOs is strongly biased by observational selection effects that are poorly calibrated for the complete heterogeneous Kuiper Belt catalog. A clustering in perihelion position on the sky could be caused, for example, by preferential observations in one particular location. The distribution of perihelion positions across the sky for all objects with $q > 30$ and $a > 50$ AU appears biased toward the equator and relatively uniform in longitude. No obvious bias appears to cause the observed clustering. In addition, each of our six clustered objects were discovered in a separate survey with, presumably, uncorrelated biases.

We estimate the statistical significance of the observed clustering by assuming that the detection biases for our clustered objects are similar to the detection biases for the collection of all objects with $q > 30$ AU and $a > 50$ AU. We then randomly select six objects from the sample 100,000 times and calculate the root mean square (rms) of the angular distance between the perihelion position of each object and the average perihelion position of the selected bodies. Orbits as tightly clustered in perihelion position as the six observed KBOs occur only 0.7% of the time. Moreover, the objects with clustered perihelia also exhibit clustering in orbital pole position, as can be seen by the nearly identical direction of their projected pole orientations. We similarly calculated the rms spread of the polar angles, and find that a cluster as tight as that observed in the data occurs only 1% of the time. The two measurements are statistically uncorrelated, and we can safely multiply the probabilities together to find that the joint probability of observing both the clustering in perihelion position and in pole orientation simultaneously is only 0.007%. Even with only six objects currently in the group, the significance level is about 3.8σ. It is extremely unlikely that the objects are so tightly confined purely due to chance.

Much like confinement in ω, orbital alignment in physical space is difficult to explain because of differential precession. In contrast to clustering in ω, however, orbital confinement in physical space cannot be maintained by either the Kozai effect or the inclination instability. This physical alignment requires a new explanation.

3. ANALYTICAL THEORY

Generally speaking, coherent dynamical structures in particle disks can either be sustained by self-gravity (Tremaine 1998; Touma et al. 2009) or by gravitational shepherding facilitated by an extrinsic perturber (Goldreich & Tremaine 1982; Chiang et al. 2009). As already argued above, the current mass of the Kuiper Belt is likely insufficient for self-gravity to play an appreciable role in its dynamical evolution. This leaves the latter option as the more feasible alternative. Consequently, here we hypothesize that the observed structure of the Kuiper Belt is maintained by a gravitationally bound perturber in the solar system.

To motivate the plausibility of an unseen body as a means of explaining the data, consider the following analytic calculation. In accord with the selection procedure outlined in the preceding section, envisage a test particle that resides on an orbit whose perihelion lies well outside Neptune's orbit, such that close encounters between the bodies do not occur. Additionally, assume that the test particle's orbital period is not commensurate (in any meaningful low-order sense – e.g., Nesvorný & Roig 2001) with the Keplerian motion of the giant planets. The long-term dynamical behavior of such an object can be described within the framework of secular perturbation theory (Kaula 1964). Employing Gauss's averaging method (see Ch. 7 of Murray & Dermott 1999; Touma et al. 2009), we can replace the orbits of the giant planets with massive wires and consider long-term evolution of the test particle under the associated torques. To quadrupole order[5] in planet – particle semimajor axis ratio, the Hamiltonian that governs the planar dynamics of the test particle is

$$\mathcal{H} = -\frac{1}{4}\frac{\mathcal{G}M}{a}(1-e^2)^{-3/2}\sum_{i=1}^{4}\frac{m_i a_i^2}{Ma^2}. \qquad (1)$$

In the above expression, $\mathcal{G}$ is the gravitational constant, M is the mass of the Sun, m_i and a_i are the masses and semimajor axes of the giant planets, while a and e are the test particle's semimajor axis and eccentricity, respectively.

---

[5] The octupolar correction to Equation (1) is proportional to the minuscule eccentricities of the giant planet and can safely be neglected.

Equation (1) is independent of the orbital angles, and thus implies (by application of Hamilton's equations) apsidal precession at constant eccentricity with the period[6]

$$\frac{\mathcal{P}_\omega}{\mathcal{P}} = \frac{4}{3}(1-e^2)^2 \sum_{i=1}^{4} \frac{Ma^2}{m_i a_i^2}, \qquad (2)$$

where s is the orbital period. As already mentioned above, in absence of additional effects, the observed alignment of the perihelia could not persist indefinitely, owing to differential apsidal precession. As a result, additional perturbations (i.e., harmonic terms in the Hamiltonian) are required to explain the data.

Consider the possibility that such perturbations are secular in nature, and stem from a planet that resides on a planar, exterior orbit. Retaining terms up to octupole order in the disturbing potential, the Hamiltonian takes the form (Mardling 2013)

$$\begin{aligned}\mathcal{H} = &-\frac{1}{4}\frac{\mathcal{G}M}{a}(1-e^2)^{-3/2}\sum_{i=1}^{4}\frac{m_i a_i^2}{Ma^2}\\ &-\frac{\mathcal{G}m'}{a'}\left[\frac{1}{4}\left(\frac{a}{a'}\right)^2\frac{1+3e^2/2}{(1-(e')^2)^{3/2}}\right.\\ &\left.-\frac{15}{16}\left(\frac{a}{a'}\right)^3 e\, e'\,\frac{1+3e^2/4}{(1-(e')^2)^{5/2}}\cos(\varpi'-\varpi)\right],\end{aligned} \qquad (3)$$

where primed quantities refer to the distant perturber (note that for planar orbits, longitude and argument of perihelion are equivalent). Importantly, the strength of the harmonic term in Equation (3) increases monotonically with e'. This implies that in order for the perturbations to be consequential, the companion orbit must be appreciably eccentric.

---

[6] Accounting for finite inclination of the orbit enhances the precession period by a factor of $1/\cos^2(i) \simeq 1 + i^2 + ...$.

Assuming that the timescale associated with secular coupling of the giant planets is short compared with the characteristic timescale for angular momentum exchange with the distant perturber (that is, the interactions are adiabatic – see, e.g., Neishtadt 1984; Becker & Batygin 2013), we may hold all planetary eccentricities constant and envision the apse of the perturber's orbit to advance linearly in time: $\varpi' = v\, t$, where the rate v is obtained from Equation (2).

Transferring to a frame co-precessing with the apsidal line of the perturbing object through a canonical change of variables arising from a type-2 generating function of the form $\mathcal{F}_2 = \Phi\,(v\, t - \varpi)$, we obtain an autonomous Hamiltonian (Goldstein 1950):

$$\mathcal{H} = -\frac{1}{4}\frac{\mathcal{G}M}{a}(1-e^2)^{-3/2}\sum_{i=1}^{4}\frac{m_i a_i^2}{Ma^2}$$
$$+ v\sqrt{\mathcal{G}M a}\,(1 - \sqrt{1-e^2})$$
$$- \frac{\mathcal{G}m'}{a'}\left[\frac{1}{4}\left(\frac{a}{a'}\right)^2 \frac{1 + 3\,e^2/2}{(1-(e')^2)^{3/2}}\right.$$
$$\left. - \frac{15}{16}\left(\frac{a}{a'}\right)^3 e\, e' \frac{1 + 3\,e^2/4}{(1-(e')^2)^{5/2}}\cos(\Delta\varpi)\right], \qquad (4)$$

where $\Phi = \sqrt{\mathcal{G}Ma}\,(1 - \sqrt{1-e^2})$ is the action conjugate to the angle $\Delta\varpi = \varpi' - \varpi$. Given the integrable nature of $\mathcal{H}$, we may inspect its contours as a way to quantify the orbit-averaged dynamical behavior of the test particle.

Figure 3 shows a series of phase-space portraits[7] of the Hamiltonian (4) for various test particle semimajor axes and perturber parameters of $m' = 10\, m_\oplus$, $a' = 700$ AU and $e' = 0.6$. Upon examination, an important feature emerges within the context of our

---

[7] Strictly speaking, Figure 3 depicts a projection of the phase-space portraits in orbital element space, which is not canonical. However, for the purposes of this work, we shall loosely refer to these plots as phase-space portraits, since their information content is identical.

simple model. For test-particle semimajor axes exceeding $a \gtrsim 200$ AU, phase-space flow characterized by libration of $\Delta\varpi$ (shown as red curves) materializes at high eccentricities.

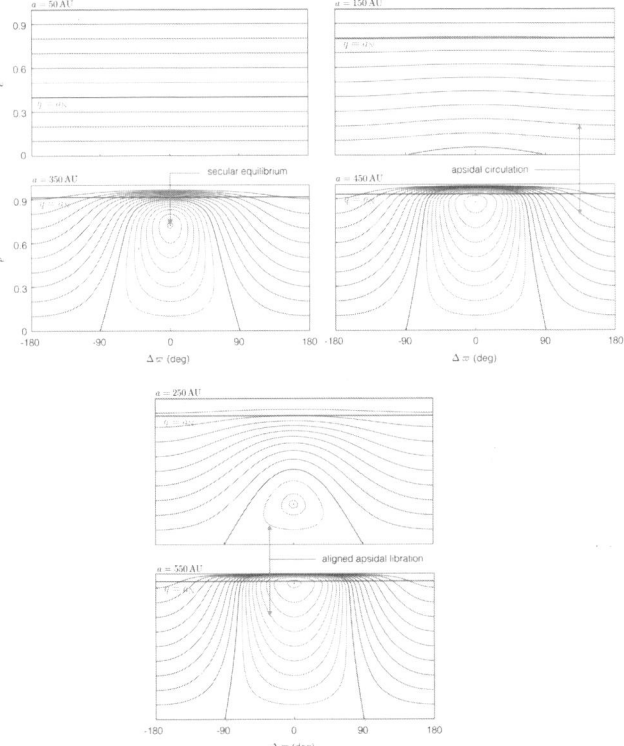

Figure 3. Phase-space portraits (projected into orbital element space) corresponding to the autonomous Hamiltonian (4). Note that unlike Figure 1, here the longitude of perihelion (plotted along the x-axis) is measured with respect to the apsidal line of the perturber's orbit. Red curves represent orbits that exhibit apsidal libration, whereas blue curves denote apsidal circulation. On each panel, the eccentricity corresponding to a Neptune-hugging orbit is emphasized with a gray line. The unseen body is assumed to have a mass of $m' = 10\, m_\oplus$, and reside on a $a' = 700$ AU, $e' = 0.6$ orbit.

This is consequential for two (inter-related) reasons. First, the existence of a libration island[8] demonstrates that an eccentric perturber can modify the orbital evolution of test particles in such a way as to dynamically maintain apsidal alignment. Second, associated with the libration of $\Delta\varpi$ is modulation of orbital eccentricity. This means that a particle initially on a Neptune-hugging orbit can become detached by a secular increase in perihelion distance.

We note that the transition from trivial apsidal circulation to a picture where librating trajectories occupy a substantial fraction of the parameter space inherent to the Hamiltonian (4) depends sensitively on the employed parameters. In particular, the phase space portraits exhibit the most dramatic dependence on a', since the harmonic term in Equation (4) arises at a higher order in the expansion of the disturbing potential than the term responsible for coupling with the giant planets. Meanwhile, the sensitivity to e' is somewhat diminished, as it dominantly regulates the value of e that corresponds to the elliptic equilibrium points shown in Figure 3. On the other hand, in a regime where the last two terms in Equation (4) dominate (i.e., portraits corresponding to $a \gtrsim 350$ AU and companions with $a' \sim 500$–1000 AU, $e' \gtrsim 0.6$ and $m' \gtrsim$ a few Earth masses), m' only acts to determine the timescale on which secular evolution proceeds. Here, the choice of parameters has been made such that the resulting phase-space contours match the observed behavior, on a qualitative level.

Cumulatively, the presented results offer credence to the hypothesis that the observed structure of the distant Kuiper Belt can be explained by invoking perturbations from an unseen planetary mass companion to the solar system. Simultaneously, the suggestive nature of the results should be met with a healthy dose of skepticism, given the numerous assumptions made in the construction of our simple analytical model. In particular, we note that a substantial fraction of

---

8   Note that Figure 3 does not depict any homoclinic curves, so libration of $\Delta\varpi$ is strictly speaking not a secular resonance (Henrard & Lamaitre 1983).

the dynamical flow outlined in phase-space portraits (3) characterizes test- particle orbits that intersect that of the perturber (or Neptune), violating a fundamental assumption of the employed secular theory.

Moreover, even for orbits that do not cross, it is not obvious that the perturbation parameter (a / a') is ubiquitously small enough to warrant the truncation of the expansion at the utilized order. Finally, the Hamiltonian (4) does not account for possibly relevant resonant (and / or short-periodic) interactions with the perturber. Accordingly, the obtained results beg to be re-evaluated within the framework of a more comprehensive model.

4. NUMERICAL EXPLORATION

In an effort to alleviate some of the limitations inherent to the calculation performed above, let us abandon secular theory altogether and employ direct N-body simulations.[9] For a more illuminating comparison among analytic and numeric models, it is sensible to introduce complications sequentially. In particular, within our first set of numerical simulations, we accounted for the interactions between the test particle and the distant companion self-consistently, while treating the gravita- tional potential of the giant planets in an orbit-averaged manner.

Practically, this was accomplished by considering a central object (the Sun) to have a physical radius equal to that of Uranus's semimajor axis ($\mathcal{R} = a_\text{U}$) and assigning a J_2 moment to its potential, of magnitude (Burns 1976)

$$J_2 = \frac{1}{2}\sum_{i=1}^{4}\frac{m_i a_i^2}{M\mathcal{R}^2}. \qquad (5)$$

---

[9] For the entirety of the N-body simulation suite, we utilized the mercury6 gravitational dynamics software package (Chambers 1999). The hybrid symplectic-Bulisch-Stoer algorithm was employed throughout, and the timestep was set to a twentieth of the shortest dynamical timescale (e.g., orbital period of Jupiter).

In doing so, we successfully capture the secular perihelion advance generated by the giant planets, without contaminating the results with the effects of close encounters. Any orbit with a perihelion distance smaller than Uranus's semimajor axis was removed from the simulation. Similarly, any particle that came within one Hill radius of the perturber was also withdrawn. The integration time spanned 4 Gyr for each calculation.

As in the case of the analytical model, we constructed six test-particle phase-space portraits[10] in the semimajor axis range $a \in$ (50, 550) for each combination of perturber parameters. Each portrait was composed of 40 test-particle trajectories whose initial conditions spanned $e \in$ (0, 0.95) in increments of $\Delta e = 0.05$ and $\Delta \varpi = 0°, 180°$. Mean anomalies of the particles and the perturber were set to 0° and 180°, respectively, and mutual inclinations were assumed to be null. Unlike analytic calculations, here we did not require the perturber's semimajor axis to exceed that of the test particles. Accordingly, we sampled a grid of semimajor axes $a' \in$ (200, 2000) AU and eccentricities $e' \in$ (0.1, 0.9) in increments of $\Delta a' = 100$ AU and $\Delta e' = 0.1$, respectively. Given the qualitatively favorable match to the data that a $m' = 10$ $m_\oplus$ companion provided in the preceding discussion, we opted to retain this estimate for our initial suite of simulations.

Computed portraits employing the same perturber para- meters as before are shown in Figure 4. Drawing a parallel with Figure 3, it is clear that trajectories whose secular evolution drives persistent apsidal alignment with the perturber (depicted with orange lines) are indeed reproduced within the framework of direct N-body simulations. However, such orbital states possess minimal perihelion distances that are substantially larger than those ever observed in the

---

10 We note that in order to draw a formal parallel between numerically computed phase-space portraits and their analytic counterparts, a numerical averaging process must be appropriately carried out over the rapidly varying angles (Morbidelli 1993). Here, we have not performed any such averaging and instead opted to simply project the orbital evolution in the $e - \Delta\varpi$ plane.

real scattered Kuiper Belt. Indeed, apsidally aligned particles that are initialized onto orbits with eccentricities and perihelia comparable to those of the distant Kuiper Belt are typically not long-term stable. Consequently, the process described in the previous section appears unlikely to provide a suitable explanation for the physical clustering of orbits in the distant scattered disk.

While the secular confinement mechanism is disfavored by the simulations, Figure 4 reveals that important new features, possessing the same qualitative properties, materialize on the phase-space portrait when the interactions between the test particle and the perturber are modeled self-consistently. Specifically, there exist highly eccentric, low-perihelion apsidally anti-aligned orbits that are dynamically long-lived (shown with blue dots). Such orbits were not captured by the analytical model presented in the previous section, yet they have orbital parameters similar to those of the observed clustered KBOs.

The longevity of highly eccentric apsidally anti-aligned trajectories depicted in Figure 4 is surprising, given that they traverse the orbit of the perturber. What is the physical mechanism responsible for their confinement and long-term stability? It is trivial to show that under the assumption of purely Keplerian motion, particles on crossing orbits would experience recurrent close encounters with the perturber over the multi-Gyr integration period. In Figure 4, this is made evident by the fact that the narrow region of orbital confinement is surrounded in phase space by unstable trajectories (shown with gray points). At the same time, it is well known that destabilizing conjunctions can be circumvented via the so-called phase protection mechanism, inherent to mean-motion commensurabilities (Morbidelli & Moons 1993; Michtchenko et al. 2008). Accordingly, we hypothesize that the new features observed within the numerically computed phase-space portraits arise due to resonant coupling with the perturber, and the narrowness of the stable region is indicative of the resonance width.

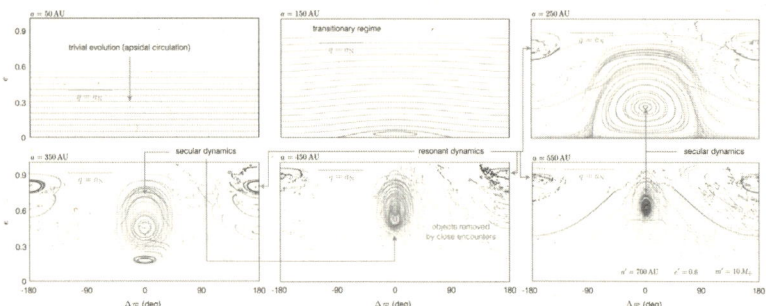

Figure 4. Projection of dynamical evolution computed within the framework of N-body simulations into $e - \Delta\varpi$ space. Orbits whose secular evolution facilitates libration of the longitude of perihelion (akin to that depicted with red curves shown in Figure 3) are shown as orange lines, where the shade is used as a proxy for starting eccentricity (evident in panels corresponding to a = 50, 150 AU). Long-term unstable orbits are plotted with gray points. Dynamically long-lived trajectories characterized by apsidal anti-alignment are shown with blue points. As discussed in the text, these anti-aligned configurations likely derive their dynamical structure and stability from high-order mean-motion commensurabilities associated with the Keplerian motion of the distant planet.

Within the framework of the restricted circular three-body problem (where the perturber's orbit is assumed to be fixed and circular), resonant widths initially grow with increasing particle eccentricity, but begin to subside once the eccentricity exceeds the orbit-crossing threshold (Nesvorný & Roig 2001; Robutel & Laskar 2001).

Perhaps the situation is markedly different within the context of the highly elliptic restricted three-body problem (as considered here). Specifically, it is possible that even at very high eccentricities, the individual widths associated with the various resonant multiplets remain sufficiently large for a randomly placed orbit to have a non- negligible chance of ending up in resonance with the perturber. We note that associated with each individual resonance is a specific angle (a so-called critical argument) that exhibits bounded oscillations. Explicit identification of such angles will be undertaken in the next section.

In an effort to explore the dependence of our results on mass, we constructed two additional suites of phase-space portraits spanning the same semimajor and eccentricity range, with $m' = 1$ $m_\oplus$ and $m' = 0.1$ $m_\oplus$. Generally, our results disfavor these lower masses. In the instance of an $m' = 0.1$ $m_\oplus$ perturber, dynamical evolution proceeds at an exceptionally slow rate, and the lifetime of the solar system is likely insufficient for the required orbital sculpting to transpire. The case of a $m' = 1$ $m_\oplus$ perturber is somewhat more promising in a sense that long-lived apdally anti-aligned orbits are indeed evident on the phase-space portraits. However, removal of unstable orbits (i.e., those that reside between the low- perihelion apdally anti-aligned and high-perihelion apsidally aligned stable regions) occurs on a much longer timescale compared with the case of our nominal perturber mass, yielding phase-space portraits that are markedly more contaminated with metastable trajectories, in comparison to those shown in Figure 4. Such phase-space portraits likely imply an orbital structure of the Kuiper Belt that shows preference for a particular apsidal direction but does not exhibit true confinement, like the data. Accordingly, for the remainder of the paper, we shall adopt $m' = 10$ $m_\oplus$ as a representative quantity, keeping in mind the order-of-magnitude nature of this estimate.

5. SYNTHETIC SCATTERED DISK

Having demonstrated that a massive, distant, eccentric planet can sustain a population of low-perihelion apsidally anti-aligned small bodies against differential precession, we now turn our attention to the question of how the observed population of distant KBOs can be produced from an unmethodical starting configuration. To address this inquiry, we have performed an array of numerical experiments aimed at generating synthetic scattered disks.

5.1. A PLANAR PERTURBER

Incorporating a series of planar perturber orbits that demonstrated promising phase-space portraits, we explored the long-term behavior of a scattered disk population comprised of test-particle orbits whose perihelion orientations were initially randomized. Unlike the previous section, where the presence of the four giant planets was modeled with an enhanced stellar quadrupole field, here all planetary perturbations were accounted for in a direct, N-body manner. The surface density profile of the disk was (arbitrarily) chosen such that each increment of semimajor axes contained the same number of objects on average. Suitably, disk semimajor axes spanned $a \in$ (50, 550) AU as before, with a total particle count of 400.

The initial perihelion distance was drawn from a flat distribution extending from $q = 30$ to 50 AU. Additionally, test-particle inclinations were set to zero at the start of the simulations, although they were allowed to develop as a consequence of interactions with the giant planets, which possessed their current spatial orbits. As in previous calculations, the system was evolved forward in time for 4 Gyr.

Remarkably, we found that capture of KBO orbits into long-lived apsidally anti-aligned configurations occurs (albeit with variable success) across a significant range of companion parameters (i.e., $a' \sim 400 - 1500$ AU, $e' \sim 0.5 - 0.8$). The characteristic orbital evolution of an evolved synthetic scattered disk corresponding to previously employed perturber parameters is depicted in Figure 5. Specifically, the left panel shows the evolution of the semimajor axes of the test particles. Only objects that have remained stable throughout the integration are plotted, and the color scheme is taken to represent the initial semimajor axis.

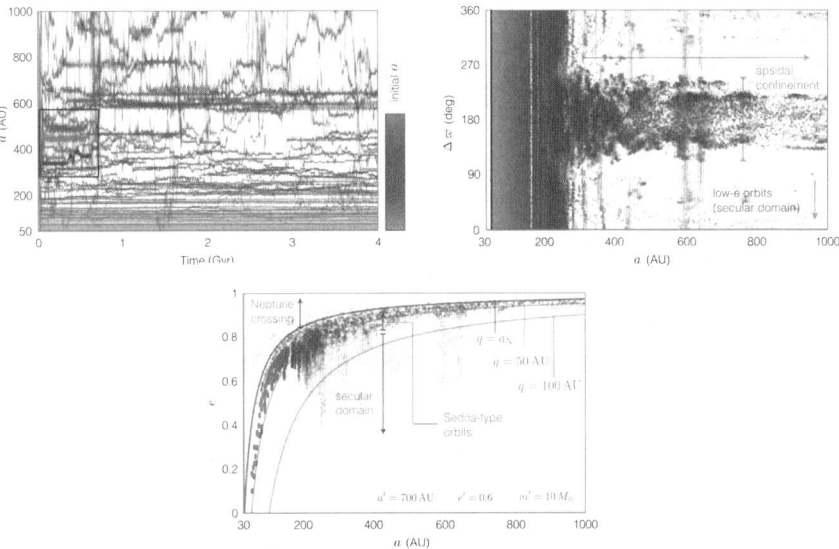

Figure 5. Synthetic scattered disk generated with direct N-body simulations. The left panel shows semimajor axis evolution of the dynamically long-lived particles, where color serves as proxy for initial semimajor axis (as shown to the right of the graph). Beyond $a \gtrsim 250$ AU, dynamical evolution is unsteady as the semimajor axes explore a complex web of mean-motion resonances while maintaining stability. The evolution of low-order resonant angles associated with the three boxed, highlighted orbits are shown in Figure 6. The middle panel presents the $\Delta\varpi$ footprint generated by the particles as a function of a. Point transparency is taken as a proxy observability. Unobservable particles that fall below the observability threshold are shown with gray points. The right panel shows the corresponding e footprint produced by the particles. Note that a subset of KBOs in the simulations are scattered into the secular high-q domain of the phase-space portrait, and constitute a unique prediction of the envisioned perturbation mechanism.

Clearly, orbital evolution correspondent to semimajor axes beyond $a \gtrsim 250$ AU is vastly different from that of the closer-in orbits. While semimajor axes of the inner scattered disk remain approximately constant in time[11] (in line with the secular approximation employed in Section 2), semimajor axes of distant KBOs skip around over an extensive range, temporarily settling onto distinct values. Such objects experience modulation in both eccentricity and inclination, with a subset even achieving retrograde orbits (we come back to the question of inclinations below). Importantly, this behavior is characteristic of the so-called Lagrange instability wherein marginally overlapped mean-motion resonances allow the orbits to diffuse through phase space, but nevertheless protect them from the onset of large-scale scattering (i.e., a violation of Hill stability – see Deck et al. 2013 for an in-depth discussion).

The observed behavior of the semimajor axes is indicative of the notion that resonant perturbations are responsible for orbital clustering, as discussed above. In an effort to further corroborate the suspicion that resonant perturbations are relevant to the observed high-eccentricity orbits, we have searched for libration of various critical arguments of the form $\varphi = j_1\lambda + j_2\lambda' + j_3\varpi + j_4\varpi'$, where $\Sigma j_i = 0$, within the first Gyr of evolution of a subset of long-term stable orbits with initial semimajor axes beyond a > 250 AU. Remarkably, we were able to identify temporary libration of such angles associated with 2:1, 3:1, 5:3, 7:4, 9:4, 11:4, 13:4, 23:6, 27:17, 29:17, and 33:19 mean-motion commensurabilities. Three low-order examples of persistent libration are shown in Figure 6, where the color of the simulation data corresponds to that of the boxed, emphasized orbits in the left panel of Figure 5.

---

11 We note that this behavior is largely an artifact of the relatively small number of particles initially present in the simulations. Because recurrent close encounters with Neptune dynamically remove KBOs from the scattered disk, the bodies that remain stable for 4 Gyr tend to reside in the so-called extended scattered disk, on orbits that are insulated from short-periodic interactions with Neptune. As a result, such orbits are over-represented in the $a \in (50, 250)$ AU region of Figure 5, compared to the real Kuiper Belt.

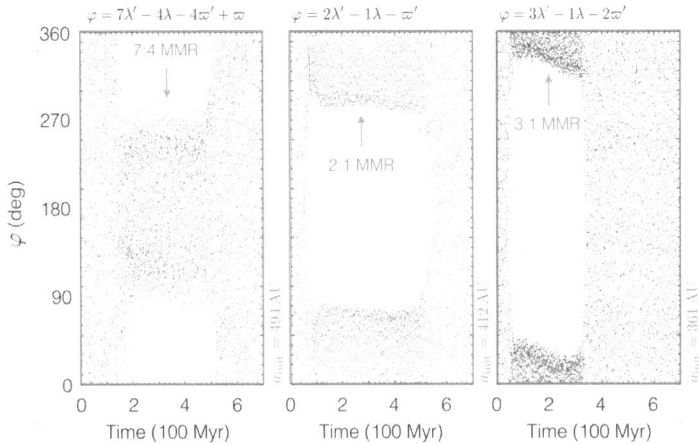

Figure 6. Evolution of (comparatively) low-order resonant angles corresponding to the three highlighted semimajor axis time series shown in the left panel of Figure 5. The color scheme of the points is identical to that employed within the highlighted box in Figure 5. The specific critical argument that enters a temporary mode of libration during the shown timespan is quoted on top of each panel, and the starting semimajor axes are shown on the right of each plot.

While this characterization is emblematic of resonant interactions as a driver for apsidally anti-aligned confinement and enduring stability of test-particle orbits, extension of analytical theory into the realm of the unaveraged, highly elliptical three-body problem is coveted for a complete assessment of the dynamical phenomenon at hand. Moreover, we note that while we have exclusively searched for critical angles associated with two-body commensurabilities, it is likely that three-body resonances that additionally include contributions from Neptune's orbital motion play a significant role in establishing a resonant web along which KBO orbits diffuse (Nesvorný & Roig 2001).

Because the semimajor axes of the test particles do not remain fixed in the simulations, their role is best interpreted as that of tracers that rapidly explore all parameter space (while remaining on the same resonant web), available within the given dynamical regime. Accordingly, when examining the evolution of the apsidal angle of the KBOs with respect to that of the perturber, it is sensible to plot the entire integration span of the stable subset of orbits. The corresponding footprint of $\Delta \varpi$ is shown as a function of a in the middle panel of Figure 5.

The points depicted in this panel vary both in color and transparency. We have used transparency as an approximate proxy for observability: points are rendered progressively more transparent[12] as perihelion distance increases above $q > 30$ AU and orbital inclination grown closer to $i > 40°$, where an object would be less likely to be detected in a typical ecliptic survey. As before, the color of the points is taken to represent starting semimajor axes, except in the case where transparency is maximized due to the perihelion distance increasing beyond $q > 100$ AU or inclination rising above $i > 40°$. Evolution of objects beyond this observability threshold is shown with nearly transparent gray points. As can be clearly discerned, orbital evolution of stable KBOs with perihelion distances in the observable range are preferentially concentrated in apsidally anti-aligned states.

It is important to note that not all stable objects within the simulations occupy the (likely) resonant high-eccentricity configurations. That is, there exists an additional population of lower-eccentricity orbits that inhabit the secular domain of the phase-space portrait, and glean long-term stability through apsidal alignment. These objects are primarily represented as gray points in the right panel of

---

[12] Practically, we have chosen to use the Gaussian error function to smoothly connect maximal and minimal transparencies. Obviously, this means of modeling observability is only envisaged as a rough approximation, and a more sophisticated filtering approach based on real survey data can, in principle, be undertaken.

Figure 5, and constitute a unique, testable consequence of the dynamical mechanism described herein. Specifically, if a distant, eccentric perturber is responsible for the observed orbital clustering in the distant Kuiper Belt, then observational probing of high-perihelion scattered disk with $a > 250$ AU should reveal a collection of objects, whose longitudes of perihelia are on average, 180° away from the known objects.

With an eye toward placing better constraints on m', we have carried out an additional suite of simulations, which confirm that a perturber with a mass substantially below our nominal estimate (e.g., $m' = 1\ m_\oplus$) is unable to generate the degree of orbital clustering seen in the data. Nonetheless, we reiterate that the perturber's elements quoted in Figure 5 are not the only combination of parameters that can yield orbital confinement in the distant Kuiper Belt. Particularly, even for a fixed value of m', the critical semimajor axis that corresponds to the onset of apsidal clustering depends on e' and a' in a degenerate manner.

A unifying feature of successful simulations that place the transitionary semimajor axis at $a_{\rm crit} \sim 250$ AU is that the perturber's orbit has a perihelion distance of $q' \sim 200 - 300$ AU. Approximately mapping a crit within our suite of numerical simulations, we empirically find that it roughly follows the relationship

$$a_{\rm crit} \propto e'(1 - (e')^2)^{-1}(a')^{-2}. \qquad (6)$$

We note, however, that the above scaling has limitations: resonant trajectories of the kind shown (with blue dots) in Figure 4 only arise in the correct regime at high perturber eccentricities (i.e., $e' \gtrsim 0.4 - 0.5$), and are only stable below $e' \gtrsim 0.8 - 0.9$. Analogously, perturber orbits outside of the semimajor axis range $a' = 400 - 1500$ AU are disfavored by our simulations because parameters required for the onset of orbital clustering at $a \gtrsim 250$ AU lead to severe depletion of the particle population.

5.2. AN INCLINED PERTURBER

As already discussed in Section 2, an adequate account for the data requires the reproduction of grouping in not only the degree of freedom related to the eccentricity and the longitude of perihelion, but also that related to the inclination and the longitude of ascending node. Ultimately, in order to determine if such a confinement is achievable within the framework of the proposed perturbation model, numerical simulations akin to those reported above must be carried out, abandoning the assumption of coplanarity. Before proceeding however, it is first useful to examine how dynamical locking of the ascending node may come about from purely analytical grounds.

We have already witnessed in Section 3 that while secular perturbation theory does not adequately capture the full dynamical picture, it provides a useful starting point to guide subsequent development. Correspondingly, let us analyze the dynamical evolution of the $i - \Delta\Omega$ degree of freedom under the assumptions that the relevant equations of motion can be solved in a quasi-isolated fashion[13] and that unlike the case of $e - \varpi$ dynamics, secular terms dominate the governing Hamiltonian.[14] Our aim is thus to construct an approximate, but integrable secular normal form that will hopefully capture the dominant mode of spatial angular momentum exchange.

---

13 In adiabatic systems with two degrees of freedom, dynamical evolution of the individual degrees of freedom can proceed in a quasi-decoupled manner (as long as homoclinic curves are not encountered) as a consequence of separation of timescales (Wisdom 1983; Henrard & Caranicolas 1990; Batygin & Morbidelli 2013). However, because the system at hand falls outside of the realms of conventional perturbation theory, it is difficult to assert in an a-priori manner if the assumption of decoupled evolution is well justified.

14 Given the tremendous difference in the degrees of excitation of eccentricities and inclinations in the distant scattered belt, it may be plausible to assume that the multiplets of mean-motion commensurabilities primarily responsible for maintaining apsidal anti-alignment correspond to eccentricity resonances, and only affect orbital inclinations through high-order terms, leaving secular effects to dominate the evolution (Ellis & Murray 2000).

Following the argument presented in Section 3, the dynamical evolution of the perturber can be delimited to steady regression of the node at constant inclination: $\Omega' = -\mu t$. The rate of recession, μ, is equal to the value obtained from Equation (2), diminished by a factor of $\cos(i')$ (e.g., Li et al. 2014; Spalding & Batygin 2014). Generally speaking, this simplification is not enough to render the secular Hamiltonian integrable, since even at the quadrupole level of approximation, the number of harmonic terms is too great for a successful reduction to a single degree of freedom (Kaula 1964; Mardling 2010). Fortunately, however, all objects in the distant Kuiper Belt have relatively low orbital inclinations, allowing us to discard harmonics that exhibit dependence on $\sin^2(i)$ in favor of the lower-order terms. This refinement yields a quadrupole- level non-autonomous Hamiltonian that contains a single critical argument of the form $(\Omega' - \Omega) = -(\Omega + \mu t) = \Delta\Omega$.

Employing a canonical contact transformation generated by the type-2 function $\mathcal{F}_2 = \Psi(-\Omega - \mu t)$ (where $\Psi = \sqrt{\mathcal{G}Ma}\sqrt{1 - e^2}(1 - \cos(i))$ is the new action conjugate to $\Delta\Omega$), we obtain an autonomous Hamiltonian whose functional form is reminiscent of Equation (4):

$$\begin{aligned}\mathcal{H} = &-\frac{3}{8}\frac{\mathcal{G}M}{a}\frac{\cos(i)}{(1-e^2)^{3/2}}\sum_{i=1}^{4}\frac{m_i a_i^2}{Ma^2} \\ &- \mu\sqrt{\mathcal{G}Ma}\sqrt{1-e^2}(1-\cos(i)) \\ &- \frac{1}{4}\frac{\mathcal{G}m'}{a'}\left(\frac{a}{a'}\right)^2(1-(e')^2)^{-3/2} \\ &\times\left[\left(\frac{1}{4}+\frac{3}{8}e^2\right)(3\cos^2(i')-1)(3\cos^2(i)-1)\right. \\ &\left.+ \frac{3}{4}\sin(2i')\sin(2i)\cos(\Delta\Omega)\right].\end{aligned} \quad (7)$$

Note that in this Hamiltonian, e takes the form of a parameter rather than a dynamic variable.

As before, contours of constant $\mathcal{H}$ can be examined as a means of delineating the dynamical flow. Correspondingly, a phase-space portrait with a = 450 AU, q = 50 AU, i' = 30°, and other parameters adopted from preceding discussion, is shown in Figure 7. Importantly, this analysis demonstrates that a forced equilibrium that facilitates libration of $\Delta\Omega$ exists at $\Delta\Omega$ = 0 and low particle inclinations. Therefore, to the extent that the Hamiltonian (7) provides a good approximation to real N-body dynamics, we can expect that a distant perturber can maintain orbital confinement of KBOs, characterized by $\Delta\varpi$ = 180° and $\Delta\Omega$ = 0°.

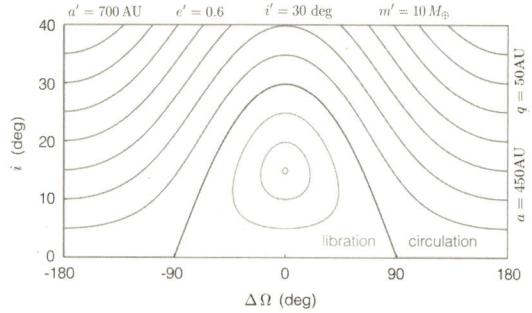

Figure 7. Forced secular equilibrium associated with the inclination degree of freedom of the particles. The figure depicts level curves of the Hamiltonian (7) for an object with a = 450 AU and q = 50 AU. As in Figure 3, red and blue curves are used to denote librating and circulating trajectories, respectively.

Paired with the observational data (Figure 1), the theoretical locations of the libration centers provide important clues toward the actual orbit of the perturber. Specifically, if we adopt the statistics inherent to the dynamically stable subset of the clustered population at face value, the simultaneous apsidal anti-alignment and nodal alignment of the perturber with the KBO population implies that ω' = 138° ± 21°. We are now in a position to examine if a scattered KBO population characterized by orbital grouping can be sculpted by the envisioned perturber, with the use of direct N-body simulations. In particular, the following experiments were performed. Similarly to the results shown in Figure 5, we constructed a series of synthetic scattered disks. Because we have already demonstrated that (at the relevant eccentricities) the desired apsidal clustering and enduring stability is achieved exclusively for orbits with $\Delta\varpi \simeq 180°$, in this set of simulations the entire scattered disk was initialized with longitudes of perihelion that were anti-aligned with respect to that of the perturber. On the other hand, longitudes of ascending node of the particle orbits were uniformly distributed between $\Omega \in (0, 360)°$. Inclinations were drawn from a half-normal distribution with a standard deviation of $\sigma_i = 15°$, while perihelion distances spanned $q \in (30, 50)$ AU as before. Only objects with initial semimajor axes in the $a \in (150, 550)$ AU range were considered, as previous simulations had shown that dynamical evolution of objects with $a \in (150, 550)$ AU is largely unaffected by the presence of the perturber and is essentially trivial. Correspondingly, each model disk was uniformly populated with 320 particles.

In an effort to account for the effects of the giant planets, we adopted a hybrid approach between the averaged and direct methods employed above. Specifically, we mimicked the quadrupolar fields of Jupiter, Saturn, and Uranus by endowing the Sun with a strong J_2 moment (given by Equation (5)). Simultaneously, Neptune was modeled in a conventional N-body fashion. This setup allowed for a substantial reduction in computational costs, while correctly representing short-periodic and resonant effects associated with Neptune's Keplerian motion.[15] As before, each synthetic disk was evolved for 4 Gyr.

For our nominal simulation, we adopted $a' = 700$ AU, $e' = 0.6$, and $m' = 10$ $m_\oplus$, as before, and set the inclination and initial argument of perihelion of the perturber to $i' = 30°$ and $\omega' = 150°$, re-

---

15 In order to ensure that this simplified model captures the necessary level of detail, we have reconstructed the phase-space portraits shown in Figure 4 using this setup, and confirmed that the relevant dynamical features are correctly represented.

spectively. Figure 8 shows the simulated confinement of the orbital angles attained in this calculation. Clearly, the results suggest that the clustering seen in the observational data can be reproduced (at least on a qualitative level) by a mildly inclined, highly eccentric distant perturber. Moreover, the libration center of $\Delta\Omega$ indeed coincides with the aforementioned theoretical expectation, suggesting that the dynamical origins of nodal grouping are in fact, secular in nature. Evidently, orbits that experience modulation of orbital inclination due to the circulation of $\Delta\Omega$ are preferentially rendered unstable and removed from the system. Drawing a parallel with Figure 1, the longitude of perihelion, the longitude of ascending node, and the argument of perihelion are shown in the same order. We note, however, that in Figure 8 these quantities are measured with respect to the perturber's orbit (without doing so, orbital confinement becomes washed out due to the precession of the perturber's orbit itself). In this sense, the actual values of ϖ and Ω observed in the data hold no physical meaning and are merely indicative of the orientation of the perturber's orbit.

Although the clustering of the simulation data in Figure 8 is clearly discernible, an important difference comes into view, when compared with the planar simulation portrayed in Figure 5. In the case of an inclined perturber, clustering in Ω is evident only beyond $a \gtrsim 500$ AU, while the same clustering in ϖ appears for $a \gtrsim 250$ AU, as in Figure 5. This discrepancy may be indicative of the fact that an object somewhat more massive than $m' = 10\ m_\oplus$ is required to shift the dividing line between randomized and grouped orbits to smaller particle semimajor axes. Additionally, apsidal confinement appears substantially tighter in Figure 8, than its nodal counterpart. To this end, however, we note that the initial values of the particles' longitudes of perihelia were chosen systematically, while the observed nodal clustering has been dynamically sculpted from an initially uniform distribution. This difference may therefore be an artifact of the employed initial conditions.

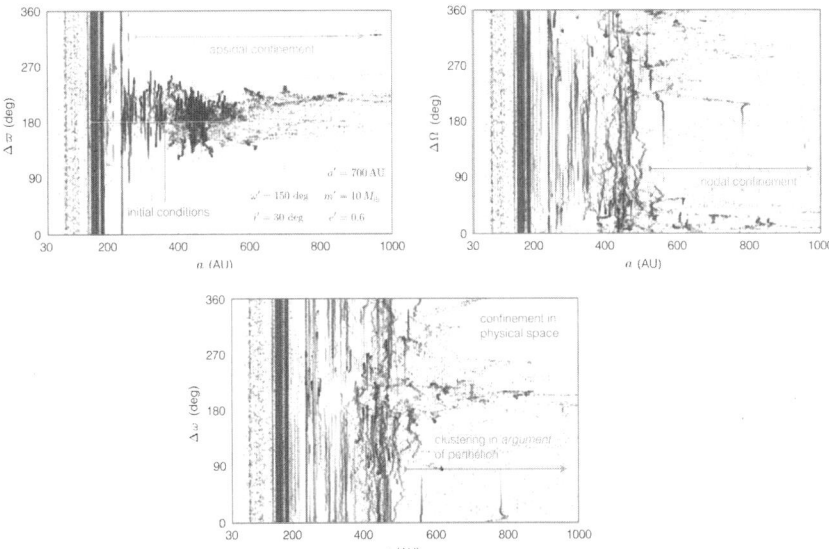

Figure 8. Dynamical footprint of a synthetic scattered disk generated within the framework of a simulation where the perturber with the nominal parameters (identical to those employed in Figures 3 – 5) is taken to reside on an orbit with $i' = 30°$, and initial $\omega' = 150°$. The left, middle, and right panels depict the longitude of perihelion, longitude of ascending node, and argument of perihelion respectively, as in Figure 1. Clearly, alignment of particle orbits in physical space is well reproduced beyond $a > 500$ AU. Note, however, that unlike in Figure 1, which simply shows the available data, in this figure the apsidal and nodal lines are measured with respect to those of the perturber. As in Figure 5, color and transparency are used as proxies for starting semimajor axis and observability.

For completeness, we performed an additional suite of numerical integrations, varying the inclination of the perturber within the $i' \in$ (60, 180) range, in increments of $\Delta i' = 30°$. For each choice of inclination, we further iterated over the perturber's argument of perihelion $\Delta\omega' \in (0, 360)°$ with $\Delta\omega' = 30°$, retaining the initial longitude of ascending node at the same (arbitrarily chosen) value and adjusting the initial value of ϖ of the scattered disk objects accordingly. This set of calculations generally produced synthetic scattered disks that were less reminiscent of the observational data than our nominal calculation, further suggesting that the distant perturber likely resides on a low-inclination orbit, with an argument of perihelion a few tens of degrees below 180°.

Although Figure 8 only emphasizes objects with inclinations below $i \leq 40°$, particles within simulations that feature an inclined perturber generally explore highly oblique orbits as well. The evolutionary tracks of such objects, projected onto $i - \Delta\omega$, $i - \Delta\Omega$, and $e - \Delta\varpi$ planes are shown in Figure 9, where point transparency is taken to only indicate the perihelion distance. From these illustrations, it is evident that conventional members of the distant scattered disk population may disappear from view due to an increasing perihelion distance with growing inclination, only to subsequently reappear on misaligned and highly inclined orbits. This form of orbital evolution is likely associated with Kozai dynamics inside mean-motion resonances (see Ch. 11 of Morbidelli 2002), and depends weakly on the inclination of the perturber.

Such results are indeed suggestive, as a small number of highly inclined objects (whose origins remain elusive) does indeed exist within the observational census of the Kuiper Belt. Specifically, known KBOs with $a > 250$ AU and $i > 40°$ are overplotted in Figure 9 as red dots.[16] The agreement between the theoretical calculation and data is more than satisfactory, and is fully consistent with the recent analysis of Gomes et al. (2015), who also analyzed this population and concluded that it can be best explained by the existence of a distant planet in the extended scattered disk. Astonishingly, our proposed explanation for orbital clustering signals an unexpected consistency with a superficially distinct inferred population of objects that occupy grossly misaligned orbits. Therefore, if a distant

---

16 Note that these objects do not appear in Figure 1 because they have $q < 30$ AU.

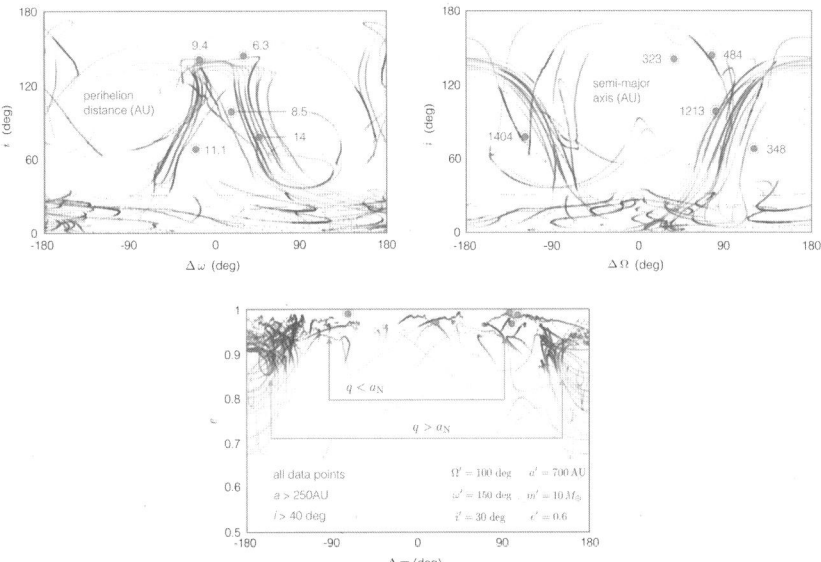

Figure 9. High-inclination particle dynamics within the synthetic scattered disk. Only trajectories with a > 500 AU, corresponding to the physically aligned region of the synthetic disk, are plotted. The left and middle panels show orbital inclination as a function of relative argument of perihelion and relative longitude of ascending node, respectively. The clustered low-inclination populations are highlighted with a local yellow background. Although the high-inclination component of the dynamical footprint is not shown in Figure 3, here it is clear that it exhibits a coherent structure and that initially low-inclination objects can acquire extreme inclinations as a result of interactions with the perturber. Real Kuiper Belt objects with a > 250 AU and i > 40° are shown as red points, where the data has been appropriately translated assuming $\omega' = 140°$ and $\Omega' = 100°$, as inferred from Figure 1. Numbers quoted next to the points denote perihelion distance and semimajor axis of the data on the left and middle panels, respectively. The right panel shows the eccentricity as a function of the relative longitude of perihelion. Evidently, maximal eccentricity is attained away from exact apsidal anti-alignment, consistent with the exceptionally low-perihelion distances associated with the existing data set.

perturber of the kind considered in this work is truly responsible for the observed structure of the Kuiper Belt, continued characterization of the high-inclination component of the scattered disk may provide an indirect observational handle on the orbital parameters of the perturbing body.

We end this section by drawing attention to the fact that while numerical construction of synthetic scattered disks presented here has been of great utility, these simulations are not fully realistic. That is, although in this work we have adopted the current giant planet orbits for definitiveness, the actual process of Kuiper Belt formation was likely associated with initially eccentric and inclined giant planet orbits that subsequently regularized due to dynamical friction (Tsiganis et al. 2005; Levison et al. 2008; Batygin et al. 2011; Nesvorný 2015). This means that initial assembly of the clustered population could have been affected by processes that no longer operate in the present solar system. As a consequence, extension of the reported numerical simulations to account for self-consistent formation of the Kuiper Belt likely constitutes a fruitful avenue to further characterization of the proposed perturbation model.

6. SUMMARY

To date, the distinctive orbital alignment observed within the scattered disk population of the Kuiper Belt remains largely unexplained. Accordingly, the primary purpose of this study has been to identify a physical mechanism that can generate and maintain the peculiar clustering of orbital elements in the remote outskirts of the solar system. Here, we have proposed that the process of resonant coupling with a distant, planetary mass companion can explain the available data, and have outlined an observational test that can validate or refute our hypothesis.

We began our analysis with a re-examination of the available data. To this end, in addition to the previously known grouping of the arguments of perihelia (Trujillo & Sheppard 2014), we have identified ancillary clustering in the longitude of the ascending node of distant KBOs and showed that objects that are not actively scattering off of Neptune exhibit true orbital confinement in inertial space. The aim of subsequent calculations was then to establish whether gravitational perturbations arising from a yet-unidentified planetary-mass body that occupies an extended, but nevertheless bound, orbit can adequately explain the observational data.

The likely range of orbital properties of the distant perturber was motivated by analytic considerations, originating within the framework of octupole-order secular theory. By constructing secular phase-space portraits of a strictly planar system, we demonstrated that a highly eccentric distant perturber can drive significant modulation of particle eccentricities and libration of apsidal lines such that the perturber's orbit continuously encloses interior KBOs. Intriguingly, numerical reconstruction of the projected phase-space portraits revealed that, in addition to secular interactions, resonant coupling may strongly affect the dynamical evolution of KBOs residing within the relevant range of orbital parameters. More specifically, direct N-body calculations have shown that grossly overlapped, apsidally anti-aligned orbits can be maintained at nearly Neptune- crossing eccentricities by a highly elliptical perturber, resulting in persistent near-colinearity of KBO perihelia.

Having identified an illustrative set of orbital properties of the perturber in the planar case, we demonstrated that an inclined object with similar parameters can dynamically carve a population of particles that is confined both apsidally and nodally. Such sculpting leads to a family of orbits that is clustered in physical space, in agreement with the data. Although the model proposed herein is characterized by a multitude of quantities that are inherently degenerate with respect to one another, our calculations suggest that a perturber on an $a' \sim 700$ AU, $e' \sim 0.6$ orbit would have to be somewhat more massive (e.g., a factor of a few) than $m' = 10\ m_\oplus$ to produce the desired effect.

A unique prediction that arises within the context of our resonant coupling model is that the perturber allows for the existence of an additional population of high-perihelion KBOs that *do not* exhibit the same type of orbital clustering as the identified objects. Observational efforts aimed at discovering such objects, as well as directly detecting the distant perturber itself constitute the best path toward testing our hypothesis.

7. DISCUSSION

The resonant perturbation mechanism proposed herein entails a series of unexpected consequences that successfully tie together a number of seemingly unrelated features of the distant Kuiper Belt. In particular, the long-term modulation of scattered KBO eccentricities provides a natural explanation for the existence of the so-called distant detached objects such as Sedna and 2012VP113 (Brown et al. 2004; Trujillo & Sheppard 2014). Viewed in this context, the origins of such bodies stem directly from the conventional scattered disk, and should on average exhibit the same physical characteristics as other large members of the Kuiper Belt. Moreover, we note that because these objects are envisioned to chaotically explore an extensive network of mean-motion resonances, their current semimajor axes are unlikely to be indicative of their primordial values.

Another unanticipated result that arises within the context of our narrative is the generation of a highly inclined population of orbits. Gladman et al. (2009) suggested that the presence of highly inclined KBOs, such as Drac, point to a more extensive reservoir of such bodies within the Kuiper Belt. Not only is our proposed perturbation mechanism consistent with this picture, it further implies that this population is inherently connected to the scattered disk. Accordingly, the dynamical pathway toward high inclinations should become apparent through observational characterization of high-perihelion objects that also exhibit substantial eccentricities.

As already alluded to above, the precise range of perturber parameters required to satisfactorily reproduce the data is at present difficult to diagnose. Indeed, additional work is required to understand the tradeoffs between the assumed orbital elements and mass, as well as to identify regions of parameter space that are incompatible with the existing data. From an observational point of view (barring the detection of the perturber itself), identification of the critical eccentricity below which the observed orbital grouping subsides may provide important clues toward the dynamical state of the perturber. Simultaneously, characterization of the aforementioned high-inclination population of KBOs may yield meaningful constraints on the perturber's orbital plane.

Although our model has been successful in generating a distant population of small bodies whose orbits exhibit alignment in physical space, there are observational aspects of the distant Kuiper Belt that we have not addressed. Specifically, the apparent clustering of arguments of perihelia near $\omega \sim 0$ in the $a \sim 150 - 250$ AU region remains somewhat puzzling. Within the framework of the resonant perturber hypothesis, one may speculate that in this region, the long-term angular momentum exchange with the planets plays a sub-dominant, but nevertheless significant role, allowing only critical angles that yield $\varpi - \Omega = \omega \sim 0$ to librate. Additional calculations are required to assess this presumption.

Another curious feature of the distant scattered disk is the lack of objects with perihelion distance in the range $q = 50 - 70$ AU. It is yet unclear if this property of the observational sample can be accounted for by invoking a distant eccentric perturber such as the one discussed herein. Indeed, answering these questions comprises an important avenue toward further characterization of our model.

In this work, we have made no attempt to tie the existence of a distant perturber with any particular formation or dynamical evolution scenario relevant to the outer solar system. Accordingly, in concluding remarks of the paper, we wish to brie fly speculate on this subject. With an eye toward producing a planet akin to the one envisioned by Trujillo & Sheppard (2014), Kenyon & Bromley (2015) have argued for the possibility of forming a Super-Earth type planet at $a \sim 150 - 250$ AU over the course of the solar system's lifetime. While observational inference of extrasolar planetary systems such as HR 8799 (Marois et al. 2008) suggests that planets can indeed occupy exceptionally wide orbits, the solar nebula would have had to have been exceptionally expansive to be compatible with in situ formation of a planet on such a distant and eccentric orbit as the one considered here.

Instead of the in situ hypothesis, our proposed perturber may be more reasonably reconciled with a dynamical scattering origin. Specifically, it is possible that our perturber represents a primordial giant planet core that was ejected during the nebular epoch of the solar system's evolution. Recent simulations have demonstrated that such a scenario may in fact be an expected outcome of the early evolution of planetary systems (Bromley & Kenyon 2014). Moreover, the calculations of Izidoro et al. (2015), aimed at modeling the formation of Uranus and Neptune through a series of giant impacts (needed to reproduce the planetary obliquities – see, e.g., Morbidelli et al. 2012), have demonstrated that a system of protoplanetary cores typically generates more than two ice-giant planets. Accordingly, the work of Izidoro et al. (2015) predicts that one or more protoplanetary cores would have been ejected out of the solar system. Within the context of this narrative, interactions with the Sun's birth cluster, and possibly the gaseous component of the nebula, would have facilitated the retention of the scattered planet on a bound orbit.

We are thankful to Kat Deck, Chris Spalding, Greg Laughlin, Chad Trujillo, and David Nesvorný for inspirational conversations, as well as to Alessandro Morbidelli for providing a thorough review of the paper, which led to a substantial improvement of the manuscript.

REFERENCES

Batygin, K., Brown, M. E., & Fraser, W. C. 2011, ApJ, 738, 13

Batygin, K., & Morbidelli, A. 2013, A&A, 556, A28

Becker, J. C., & Batygin, K. 2013, ApJ, 778, 100

Bromley, B. C., & Kenyon, S. J. 2014, ApJ, 796, 141

Brown, M. E., Trujillo, C., & Rabinowitz, D. 2004, ApJ, 617, 645

Burns, J. A. 1976, AmJPh, 44, 944

Chambers, J. E. 1999, MNRAS, 304, 793

Chiang, E., Kite, E., Kalas, P., Graham, J. R., & Clampin, M. 2009, ApJ, 693, 734

Deck, K. M., Payne, M., & Holman, M. J. 2013, ApJ, 774, 129 de la Fuente Marcos, C., & de la Fuente Marcos, R. 2014, MNRAS, 443, L59

Ellis, K. M., & Murray, C. D. 2000, Icar, 147, 129

Gladman, B., Kavelaars, J., Petit, J.-M., et al. 2009, ApJL, 697, L91

Goldreich, P., & Tremaine, S. 1982, ARA&A, 20, 249

Goldstein, H. 1950, Classical Mechanics (Reading, MA: Addison-Wesley)

Gomes, R. S., Soares, J. S., & Brasser, R. 2015, Icar, 258, 37

Henrard, J., & Caranicolas, N. D. 1990, CeMDA, 47, 99

Henrard, J., & Lamaitre, A. 1983, CeMec, 30, 197

Iorio, L. 2012, CeMDA, 112, 117

Iorio, L. 2014, MNRAS, 444, L78

Izidoro, A., Raymond, S. N., Morbidelli, A., Hersant, F., & Pierens, A. 2015, ApJL, 800, L22

Jílková, L., Portegies Zwart, S., Pijloo, T., & Hammer, M. 2015, MNRAS, 453, 3157

Kaula, W. M. 1964, RvGSP, 2, 661

Kenyon, S. J., & Bromley, B. C. 2015, ApJ, 806, 42

Levison, H. F., Morbidelli, A., Tsiganis, K., Nesvorný, D., & Gomes, R. 2011, AJ, 142, 152

Levison, H. F., Morbidelli, A., Van Laerhoven, C., Gomes, R., & Tsiganis, K. 2008, Icar, 196, 258

Li, G., Naoz, S., Holman, M., & Loeb, A. 2014, ApJ, 791, 86

Madigan, A.-M., & McCourt, M. 2015, arXiv:1509.08920

Mardling, R. A. 2010, MNRAS, 407, 1048

Mardling, R. A. 2013, MNRAS, 435, 2187

Marois, C., Macintosh, B., Barman, T., et al. 2008, Sci, 322, 1348

Michtchenko, T. A., Beaugé, C., & Ferraz-Mello, S. 2008, MNRAS, 387, 747

Morbidelli, A. 1993, Icar, 105, 48

Morbidelli, A. 2002, Modern Celestial Mechanics: Aspects of Solar System Dynamics (London: Taylor and Francis)

Morbidelli, A., & Moons, M. 1993, Icar, 102, 316

Morbidelli, A., Tsiganis, K., Batygin, K., Crida, A., & Gomes, R. 2012, Icar, 219, 737

Murray, C. D., & Dermott, S. F. 1999, Solar System Dynamics (Cambridge: Cambridge Univ. Press)

Neishtadt, A. I. 1984, PriMM, 48, 197

Nesvorný, D. 2015, AJ, 150, 68

Nesvorný, D., & Roig, F. 2001, Icar, 150, 104

Robutel, P., & Laskar, J. 2001, Icar, 152, 4

Schwamb, M. E., Brown, M. E., Rabinowitz, D. L., & Ragozzine, D. 2010, ApJ, 720, 1691

Spalding, C., & Batygin, K. 2014, ApJ, 790, 42

Thomas, F., & Morbidelli, A. 1996, CeMDA, 64, 209

Touma, J. R., Tremaine, S., & Kazandjian, M. V. 2009, MNRAS, 394, 1085

Tremaine, S. 1998, AJ, 116, 2015

Trujillo, C. A., & Sheppard, S. S. 2014, Natur, 507, 471

Tsiganis, K., Gomes, R., Morbidelli, A., & Levison, H. F. 2005, Natur, 435, 459

Wisdom, J. 1983, Icar, 56, 51

Herzlich willkommen im Universum

Neil deGrasse Tyson, Michael A. Strauss, J. Richard Gott

Die moderne Astrophysik klingt unglaublich kompliziert und zugleich unendlich spannend: Wurmlöcher, sterbende Sterne, schwarze Löcher, Exoplaneten, Zeitreisen. Die Autoren schaffen es auf fantastische Weise, die komplexen Sachverhalte so zu erklären, dass sie jeder versteht. Wie leben und sterben Sterne? Warum ist Pluto kein Planet mehr? Wie wahrscheinlich ist die Existenz intelligenten Lebens im Universum und ist unseres eigentlich das einzige? Ein spektakulärer Einblick in die Welt der Astrophysik, wie ihn nur drei Wissenschaftler von Weltklasse liefern können.

560 Seiten | Hardcover | 26,99 € (D) | ISBN 978-3-95972-122-6

Goldrausch im All

Peter M. Schneider

Während sich herkömmliche Milliardäre um die Größe ihrer Superjachten streiten, machen Amazon-Chef Jeff Bezos, Virgin-Besitzer Richard Branson und SpaceX- und Tesla-Gründer Elon Musk Schlagzeilen mit Raketen. Die extrovertierten Space-Gurus pumpen Milliarden Dollar in ihre Raumfahrt-Unternehmen und läuten womöglich eine neue Epoche der Menschheit ein. Der Mensch greift wieder nach den Sternen, ausgelöst durch die Privatisierung und Digitalisierung der Raumfahrt. Ein Hotel im Orbit, ein Dorf auf dem Mond, eine Mission zum Mars – seit Apollo 11 war der »Deep Space« nicht mehr so in Reichweite. Die aktuelle Entwicklung hat zudem alles, was eine epische Geschichte ausmacht: ein großes Ziel, einen Kampf der Giganten, den Einsatz »alles oder nichts«, die Welt als Publikum und den größten aller Preise – ewiger Ruhm.

400 Seiten | Hardcover | 19,99 € (D) | ISBN 978-3-95972-085-4

Tesla

W. Bernard Carlson

W. Bernard Carlson blickt mit seiner mehrfach ausgezeichneten Biografie tief in die Psyche des Genies Tesla: Eindrucksvoll zeigt er, wie nah Genie und Exzentrik beieinanderliegen und was das Ausnahmetalent antrieb. Zusätzlich fließen Hunderte Originalquellen ein, die zeigen, wie es Tesla möglich war, Innovationen wie am Fließband zu produzieren, und welche Business-Strategien auch heute noch gültig sind. Einer der größten Erfinder der Moderne in einem ganz neuen Licht.

688 Seiten | Hardcover | 26,99 € (D) | ISBN 978-3-95972-007-6